历史文化保护与传承示范案例

（第二辑）

住房和城乡建设部科学技术委员会历史文化保护与传承专业委员会 | 编 著
中国城市规划设计研究院

中国建筑工业出版社

图书在版编目（CIP）数据

历史文化保护与传承示范案例. 第二辑／住房和城
乡建设部科学技术委员会历史文化保护与传承专业委员会，
中国城市规划设计研究院编著. —北京：中国建筑工业
出版社，2023.10
　　ISBN 978-7-112-28983-7

Ⅰ.①历… Ⅱ.①住… ②中… Ⅲ.①历史文化名城
—保护—案例—中国 Ⅳ.①TU984.2

中国国家版本馆CIP数据核字（2023）第142444号

责任编辑：刘　丹
文字编辑：郑诗茵
书籍设计：锋尚设计
责任校对：芦欣甜

历史文化保护与传承示范案例（第二辑）
住房和城乡建设部科学技术委员会历史文化保护与传承专业委员会
中国城市规划设计研究院　编 著
*
中国建筑工业出版社出版、发行（北京海淀三里河路9号）
各地新华书店、建筑书店经销
北京锋尚制版有限公司制版
北京富诚彩色印刷有限公司印刷
*
开本：880毫米×1230毫米　1/16　印张：18　字数：490千字
2023年9月第一版　2023年9月第一次印刷
定价：**199.00**元（含增值服务）
ISBN 978-7-112-28983-7
（41723）

本书编委会

主　编：吕　舟

副主编：王　凯　伍　江　陈同滨　赵中枢

委　员（按姓氏笔画排序）：

丁寿颐　王　林　王小舟　田银生　边兰春
阳建强　张　松　张　杰　张大玉　李和平
李锦生　庞书经　单彦名　查　群　霍晓卫
鞠德东

编委会办公室

主　任：鞠德东

成　员：兰伟杰　李亚星　王现石　冼怡静　左　桢

序一

自1982年国务院公布首批国家历史文化名城以来，经过近40年的努力，我国在历史文化名城、名镇、名村和街区的保护上，取得了可喜的成绩。已公布的国家历史文化名城从最初的24座扩展到141座，外加数量更多的历史文化名镇、名村和历史文化街区及历史建筑。从最初提出历史文化名城这一概念开始，40年来，保护对象逐步扩大和多样化，保护制度从无到有不断发展和完善，保护方法更加科学，更具有地方特色并进入了立法程序……所有这些，都在延续历史文脉、保护历史文化遗产和塑造特色风貌中发挥了重要的作用。

与此同时，也应该清醒地看到，在城镇化加速和经济建设大潮的背景下，历史环境保护正面临着极其严峻的局面和空前的挑战。大规模的住房建设和旧城改造，对城市、镇村历史环境和街区的保护构成了重大的威胁。除了大拆大建等直接破坏文化遗产的行为外，还有人们在保护观念上的种种问题，以及在历史文化保护传承的认识和方法上的众多误区。有的无视真实的历史建筑和遗存，而是为旅游开发将建造仿古街区和假古董视为保护工程；有的完全从经济效益出发，无视原有的人文环境和街区性质，将城市、镇村和街区彻底商业化；特别是在整体环境的保护上，和先进国家相比，差距尤为明显；我们的名城名镇虽然数量不少，但很多仅存少数文物古迹和历史建筑，原有的格局及风貌荡然无存；有的只关注城市、镇村本身，却忽视了周边自然山水的环境和景观价值，历史上山水交融的景象已不复存在。

历史环境的保护是个专业性极强的工作。如何尽快提高从业人员的专业素质；如何在保护历史环境的同时又能切实有效地改善当地居民的生活条件，完善必要的设施和改进环境品位；如何在满足通用技术规范和标准的同时，又能做到灵活变通，解决实际的工程问题；如何积极引导社会力量参与保护和利用，坚持在使用中进行保护，等等；凡此种种，都是摆在我们这代保护规划师面前亟待解决的现实问题。

40年来，针对这些问题，我们已积累了许多经验，当然也不乏教训。与此同时，许多国家也都针对自己的国情，在解决方法上作出了可贵的尝试。所有这些，都需要我们在进一步总结和思考的基础上借鉴、吸收和推广。2021年，由住房和城乡建设部建筑节能与科技司、部科学技术委员会历史文化保护与传承专业委员会、中国城市规划设计研究院组织编写出版《历史文化保护与传承示范案例（第一辑）》（面向历史文化名城、街区），是一次可贵的尝试。今年恰逢中国历史文化名镇名村公布二十周年，再次编写出版《历史文化保护与传承示范案例（第二辑）》（面向历史文化名镇、名村），既必要也很及时。尤为难能可贵的是针对目前存在的问题，提出了五项标准，特别强调整体保护、改善人居环境、注重公共参与和管理等。遴选的30多个案例中，可能还存在着这样或那样的不足，但无疑都在某些方面有所创新。相信本书的出版，能够进一步推动名城、名镇、名村保护事业的发展。尽管在我们面前还有很长的路要走，还有很多的问题亟待解决，但只要努力，定会取得更多、更大的成绩。

中国工程院院士

中国城市规划设计研究院研究员

序二

　　1982年我国建立历史文化名城保护体系以来，在各级政府的领导和专业机构的推动下进行了大量的实践，在历史文化名城、历史文化名镇名村、历史文化街区和历史建筑的保护方面积累了丰富的经验。大量有悠久历史积淀的城市、文化内涵丰富的镇村得到了保护。历史文化名城、历史文化名镇、名村，它们不仅是中国五千年文明历久弥新、不断延续的见证，更是当代社会发展、文化传承的载体。141座国家级历史文化名城、799个国家级历史文化名镇、名村以及数量更大的省级历史文化名城、名镇、名村中保存了各个历史时期的遗存，构成了今天人们认识中国历史文化的教科书，是传承优秀传统文化的源泉，也为中国社会的可持续发展提供了传统智慧。

　　对历史文化名城、名镇、名村的保护是一个不断发展的过程，从强调对物质形态的保护，到对城镇历史风貌的延续，从政府大面积、大投入的保护工程项目，到社区的广泛参与，再到以人民为中心的微改造、微循环、"绣花功夫"；从强调街巷肌理，到整体城市与自然地理环境的保护，再到整体的文化传统的传承与弘扬，反映了中国历史文化名城、名镇、名村保护理论、方法的成长过程。

　　今天中国社会的发展已进入一个新的发展阶段，与之前大规模、高速度、扩张式发展的模式不同，在今天基于存量的高质量发展的过程当中，历史文化名城、名镇、名村的保护如何适应这种发展的要求进行理论建设、提高实践水平，也是一项新的挑战。住房和城乡建设部自2018年开始的"城乡建设中历史文化保护传承体系"研究和建设，是针对这一挑战的回应。"城乡建设中历史文化保护传承体系"建设就是要完善历史文化保护与传承的顶层设计，构建一个更为完善的见证、表达中国历史文化的标识体系，在城、镇、村的层面建立一个政府主导，全社会、全民参与的保护与传承并重、强调创新发展的文化发展新模式。2020年8月10日住房和城乡建设部、国家文物局发布的《国家历史文化名城申报管理办法（试行）》，提出了历史文化名城应当具备的六条价值标准，即：对中国古代历史发展的影响；对中国近现代历史发展的影响；对中国共产党领导中国人民奋斗历史的见证作用；对中华人民共和国建设成就的见证作用；对改革开放建设成就的见证作用；对中国丰富多彩的文化多样性的表达。这意味着从更完整的视野看待和认识历史文化名城，这是构建新的城乡建设中历史文化保护传承体系的一个重要步骤。

　　历史文化名城、名镇、名村作为历史文化价值的活态载体，保护传承首先应当体现在优秀文化传统的延续，以及这种文化传统不断被赋予新的活力，呈现在勃勃生机上。保护和传承是包含物质遗产与非物质遗产、城镇村本体和周边环境的具体整体性的保护和传承，是面向未来的保护。这种保护与传承必须强调"以人为中心"，强调社区、民众的参与，强调优秀传统文化的复兴与发展，强调民众在保护中的获得感和重建文化自豪感和自信心，加强社会凝聚力。在各地大量的实践中，积累了很多宝贵的经验。但不可否认的是，在实践能力、保护水平、技术方法等方面、各地也依然存在着明显的不平衡性。如何鼓励好的保护传承实践、推广他们的经验，促进全国各历史文化名城、名镇、名村保护传承整体水平的提高，就变得非常必要和急迫。这也是2021年住房和城乡建设部科学技术委员会历史文化保护与传承专业委员会、中国城市规划设计研究院联合主编的《历史文化保护与传承示范案例（第一辑）》受到行业和社会广泛欢迎的原因。

在编辑出版《历史文化保护与传承示范案例（第一辑）》的基础上，2022年在住房和城乡建设部建筑节能与科技司的支持下，部科学技术委员会历史文化保护与传承专业委员会联合中国城市规划研究院，向各地征集了历史文化名镇、名村保护、传承、创新的优秀案例，专委会组织专家对各个项目的经验进行了提炼和点评。这次结集出版的案例，反映了近年各地在历史文化保护传承方面的探索。当然，许多案例也还存在着或多或少的不足，但专委会的专家认为这些案例至少在保护、传承、创新等方面具有示范性。在推广和介绍这些实践经验的同时，我们也希望这些项目的组织、实施单位也能吸取其他案例的经验，不断改善和提高历史文化保护传承的水平。

历史文化保护传承是一个没有终结的过程，需要不断地探索和积累经验，不断创新发展。专委会希望这次优秀案例的推广是历史文化保护传承体系建设的一个步骤，能够促进更多优秀案例和经验的出现。

清华大学建筑学院教授

住房和城乡建设部科学技术委员会历史文化保护与传承专业委员会主任委员

序三

当前我国城镇化率已经超过65%，快速的增量扩张时代已经转化为存量更新、提质发展的新阶段。党的十八大以来党中央国务院高度重视历史文化遗产保护，强调要弘扬优秀传统文化、保护历史文化遗产。在这个背景下探索历史文化名城、名镇、名村保护和传承的成功路径将是新时期引导城乡转型发展的重要着力点，也是提高城乡环境品质、提高城乡综合竞争力的重要抓手。

在宏观布局方面，历史文化保护与传承是城乡发展的一项战略性任务。我国有上下五千年的文明史，几乎每个城镇、乡村都有成百上千年的文化积淀，在新一轮的竞争中，只有在发展中把握好文化引领的战略意义，才能把握方向、抢占先机。

在中微观实施方面，大规模增量时期已经过去。国家提出将实施城市更新行动、乡村振兴等作为进一步促进国家高质量发展的重大决策部署，意义重大。历史文化名镇、名村是我国传统农耕文化的代表，是中华优秀传统文化绵延的根基。在快速城镇化的背景下，古镇、古村面临"空心化"、功能衰败、经济衰退等突出问题。今天示范案例集的出版先行先试，对城乡建设中历史文化保护出现的若干问题针对性提出可借鉴经验，将为我国城镇化"下半场"的规划建设提供思路。

回顾我国近四十年名城保护历程，是伴随高速城镇化进程的四十年，是在城乡要发展、遗产要保护的矛盾中艰难行进的四十年，也是保护制度从无到有、从开创奠基到引领行业发展的四十年。历史文化名城保护工作经历了保护概念的诞生、保护层次的逐步完善、保护方式的立法化三个阶段，在这个过程中保护对象更加多样化，保护方法更具有地方特色，在实践中逐步夯实理论基础。在四十年的共同努力下，保存下来一大批优秀的历史文化遗产，很多地区已在新一轮角逐中凸显出文化引领的优势，古镇、古村成为城乡新功能的载体、新动能的支点，提升了城乡文化魅力。

近四十年，保护理论不断沉淀、创新，各地的保护工作因地制宜地探索出多种路径，更加注重遗产的真实性与完整性保护、社区治理、多方参与等方面。此次评选出的示范案例，有的在古镇、古村整体保护中做得好，有的在人居环境改善方面表现突出，有的在活化利用、制度创新等方面进行了深入探索，这些宝贵的经验是对这四十年名镇、名村保护工作的一个总结和展示，代表了近十多年历史文化名镇、名村保护领域的发展趋势。

同时我们也应看到，当前我国名城保护工作依然面临严峻挑战，现代化建设愈发挤压历史文化空间，文物生存环境遭到破坏，各地保护意识参差不齐，拆真建假、仿古街区的建设情况屡有出现，保护方法和理论有待普及，借此示范案例集出版，也为正处于保护盲区的古镇、古村提供借鉴。

本书的编纂在住房和城乡建设部建筑节能与科技司、部科学技术委员会历史文化保护与传承专业委员会指导下完成，中国城市规划设计研究院承担了具体工作任务。领域内专家为案例进行了多轮精心筛选，这些案例集聚了各省市人民政府、规划设计单位、实施单位、运营单位、居民、媒体等各界心智心力，每一个示范案例的实施都经历了数年甚至数十年的辛勤耕耘。在名城保护制度设立四十周年以及中国历史文化名镇、名村公布二十周年之际，本书的出版是对我们来时路的总结、反思、肯定，更是开启新征程，启明下一个百年目标的新起点。

历史文化保护与传承是一项综合性强、立足长远的系统性工程，需要法律法规的健全、多专业多行业协同合作、学科交叉和新思维的引入，实践和理论的总结只是一个开端，希望业界持续关注、探索历史文化名城、名镇、名村保护工作，为保护和传承好我国优秀传统文化作出更大贡献。

中国城市规划设计研究院院长

教授级高级规划师

目录

第三章
历史文化名村类
示范案例

147

综合类

单项类

第一章
历史文化保护与传承示范案例综述

1 示范案例评选背景

自1982年公布首批国家历史文化名城以来，我国历史文化名城保护制度不断发展完善，在快速城镇化进程中保护了大量珍贵的历史文化遗产。截至2023年6月底，全国共公布国家历史文化名城141座、中国历史文化名镇312个、中国历史文化名村487个。在近40年的保护实践中，各地积极探索历史文化保护、传承、利用的路径和方法，在延续历史文脉、保护文化基因和塑造特色风貌中发挥了重要作用。历史文化名城名镇名村保护成为我国改革开放40年来取得的重大成就之一[①]。

十八大以来，党中央对历史文化保护工作给予前所未有的重视，营造了前所未有的良好环境，也提出了前所未有的更高要求。习近平总书记多次指出，要高度重视历史文化保护，不急功近利，不大拆大建；要突出地方特色，注重人居环境改善，更多采用微改造的"绣花功夫"；要注重文明传承、文化延续，让城市留下记忆，让人们记住乡愁。2021年5月21日，中央全面深化改革委员会第十九次会议审议通过的《关于在城乡建设中加强历史文化保护传承的若干意见》指出："要着力解决城乡建设中历史文化遗产屡遭破坏、拆除等突出问题，加强制度顶层设计，统筹保护、利用、传承，坚持系统完整保护"。

我们注意到，各地对历史文化保护传承的认识和方法仍存在很多误区。有的城市忽视了城镇村周边自然山水环境，致使历史上山水交融的景观不复存在，人与自然和谐共生的理念没有得以传承；有的城市拆真建假，将建设仿古建筑当作风貌保护，为了旅游开发拆除真实历史遗存建设仿古街区和"假古董"，严重破坏了历史真实性；有的地方只关注经济效益，将古城、古镇、古村、古街区彻底商业化和景区化，搬迁原有居民和商户，完全改变了原有人文环境。更令人担忧的是，很多存在偏差、甚至完全违背"历史真实、风貌完整、生活延续"的案例在市场和资本的推动下竟然成为广泛宣传和效仿的对象，而大量在整体保护、人居环境改善、活化利用等方面效果显著的优秀案例却没有得到充分的宣传。

在此背景下，有必要对历史文化保护传承实践中涌现出的优秀案例进行遴选，加

---

① 参见《两部门联合召开国家历史文化名城和中国历史文化名镇名村评估总结大会》。

强历史文化保护与传承工作的方向引导。2021年出版的《历史文化保护与传承示范案例（第一辑）》，是首次全国范围内面向历史文化名城、历史文化街区的征集评选和结集出版，为全国历史文化保护工作提供示范和借鉴。为了进一步扩大示范案例的作用和效果，第二期示范案例面向历史文化名镇、历史文化名村征集，期望在2023年中国历史文化名镇、名村公布二十周年之际，进一步汇聚中国特色的历史文化保护理念、方法和经验。

2 示范案例征集和评选过程

（1）案例征集

2022年11月，住房和城乡建设部建筑节能与科技司委托部科技委历史文化保护与传承专业委员会（简称"专委会"）和中国城市规划设计研究院组织开展了历史文化保护与传承示范案例（第二期）征集工作。截至2023年3月，一共征集到19个省（市、区）71个城市推荐的126个案例，其中历史文化名镇61个、历史文化名村65个。

（2）标准制定

从国内外历史文化遗产保护的基本要求和新时期历史文化保护传承的要求出发，专委会确定了5个方面的评选标准：首先是坚持整体保护，这是《历史文化名城名镇名村保护条例》对历史文化名城保护的明确要求；其次是改善人居环境，这是填补设施欠账、提升环境品质，促进名镇、名村可持续发展的基础工作；第三是强调活化利用，这是当前保护传承工作的倡导方向；第四是创新技术方法，各地在历史建筑修缮、镇村的基础设施改善等方面作了大量工程技术探索和实践；第五是注重公共参与和管理，这是保护传承工作组织实施的重要保障。（五项标准的具体内容详见"3 示范案例评选标准"）

（3）专家评审

2023年4月26～27日，专委会组织专家在北京召开了历史文化保护与传承示范案例评选会。经初评和复评两个环节，推荐出名镇、名村各5类（整体保护类、人居环境改善类、活化利用类、公众参与和管理类、技术方法创新类）示范案例名单。

2023年5月5日，专委会秘书处对初评、复评推荐的示范案例名单进行了详细讨论，对案例名单进行了筛选，提出了复核案例名单。2023年5月10日～5月18日，专委会委托专家进行了部分案例现场复核。结合专家复核意见，最终确定历史文化保护传承示范案例37项。

3 示范案例评选标准

五项标准的主要内容和具体条件如下。

（1）坚持整体保护

整体保护是国内外文化遗产保护领域的共同经验。1964年，国际古迹遗址理事会通过的《国际古迹保护与修复宪章》指出："历史古迹的概念不仅包括单个建筑物，而且包括能从中找出一种独特的文明、一种有意义的发展或一个历史事件见证的城市或乡村环境。"2005年10月国际古迹遗址理事会第十五届大会通过了《西安宣言》，强调了遗产环境的概念。《历史文化名城名镇名村保护条例》第二十一条要求："历史文化名城、名镇、名村应当整体保护，保持传统格局、历史风貌和空间尺度，不得改变与其相互依存的自然景观和环境。"可以说，对于城市、街区、地段、景区、景点，要保护其整体的环境，这样才能体现出历史的风貌，保持遗产的独特性。任何历史遗产均与其周围的环境同时存在，失去了原有的环境，就会影响对历史信息的正确理解。[①]

历史文化名镇、名村整体保护的评价标准主要包括：1）山水环境保存良好，保留着镇村周边的农田、林盘等生产生活环境，保留着水口、风水林等人工营造环境。

---

① 参见《历史文化名城名镇名村保护条例释义》。

2）整体风貌保存良好，传统风貌集中成片，整体高度形态控制良好，新建建筑与传统风貌协调；文物保护单位、历史建筑、传统风貌建筑开展了有针对性的修缮活动，展现了建筑的典型特征；古井、古桥、古塔、牌坊、传统铺装、古树名木等历史环境要素保存良好。3）肌理格局保存良好，历史街巷的走向、尺度、肌理，河道、水圳、坑塘等水体水系、院落尺度、建筑布局等体现传统肌理的要素均得到保留延续。4）传统文化延续传承，生产、生活社会网络延续较好，有较大比例的原有居民；传统民俗、传统节庆活动等优秀传统文化保持较好、活态传承。

（2）改善人居环境

改善人居环境是历史文化保护传承的基础性工作。名镇、名村由于形成年代久远，资金投入不足，基础设施和公共服务设施相对落后，不能满足现代生活的需要。因此，逐步改善名镇、名村的基础设施和公共服务设施条件，进而改善人居环境，体现"以人为本"的理念，是政府应尽的责任与历史文化保护传承工作的根本基础。

历史文化名镇、名村改善人居环境方面的具体评价标准包括：1）居住条件大幅提升，传统民居及危旧住房得到加固改善，传统民居内部配备完善的厨卫设施，改善了居住条件。2）基础设施完善，开展了基础设施改造工程，实施了管线归集或者架空线入地；给水、排水系统组织完善；生活垃圾收集、处理设施完善等。3）公共环境品质显著改善，街巷和滨水环境整洁，河流水质清洁，小微公园、广场等开放空间布局合理、环境优美。4）公共服务设施完善，配备有完善的教育、医疗、邮政、托幼、养老、文化活动、体育健身等设施。

（3）强调活化利用

活化利用是文化遗产"创造性转化、创新性发展"的时代要求。党的十九大报告要求推动中华优秀传统文化创造性转化、创新性发展。《住房城乡建设部关于加强历史建筑保护与利用工作的通知》（2017年）提出要最大限度发挥历史建筑使用价值，支持和鼓励历史建筑的合理利用。要采取区别于文物建筑的保护方式，在保持历史建筑的外观、风貌等特征基础上，合理利用、丰富业态、活化功能，实现保护与利用的统一，充分发挥历史建筑的文化展示和文化传承价值。2019年印发的《文物建筑开放导则》也要求："文物建筑开放应有利于阐释文物价值、发挥文物社会功能、保持文物安全、提升文物管理水平，在不影响文物建筑安全的前提下，依托文物建筑进行参观游览、科研展陈、社区服务、经营服务等活动。"可以说，活化利用是促进文化遗产传承和可持续发展的重要途径。

历史文化名镇、名村活化利用的具体评价标准包括：1）各类建筑充分合理利用，没有长期闲置、空置现象，形成了一批有特色、有活力的建筑活化利用案例；2）旅游业态特色鲜明，文化旅游有机融入镇村的生产生活，旅游功能和业态符合镇村价值特色，培育了适应旅游需求的新功能、新业态；3）特色产业发展良好，如培育了文化创意、手工作坊等特色产业，形成了具有影响力的农业、手工业特色品牌；4）整体经济效益、社会效益良好，增加了居民就业和收入，居民获得感、社会凝聚力显著提升。

（4）创新技术方法

技术方法创新是历史文化保护传承的重要探索领域。历史文化名镇、名村是长期演变而成的，其环境多样复杂，既有的技术规范主要针对一般城镇地区，缺乏针对保护与利用结合的适应性手段。为了解有效解决历史文化名城、历史文化街区、历史建筑存在的问题，适应现代人和现代城市的功能需求，需要在具体实践中探索适宜性、创新性的技术方法。

历史文化名镇、名村技术方法创新的具体评价标准包括：1）建筑修缮的保护技术创新，如运用传统工艺、传统工序、传统材料高标准修缮历史建筑、传统风貌建筑；在保持建筑风貌特征的前提下，开展创新性建筑风貌修复和结构加固工程等。2）基础设施改善技术创新，如结合原有水渠、水圳等排水系统实施雨污分流改造；对架空杂乱的电力通信线路进行线路归集或者入地改造；采取隐蔽化和风貌化的手段处理室外市政设施；在狭小街巷内，采用适宜的小型综合管廊等。3）交通综合治理技术创新，如合理组织旅游路线与生活路线；采取智慧交通管理体系等。4）消防及防灾技术创新，如构建适合于镇村的防灾应急技术标准和自救体系；制定适应镇村空间特点的消防方案，设置应急避难场所、小型消防设施和消防救援疏散通道等。

（5）注重公共参与和管理

有效的公共参与和管理是历史文化保护传承的重要保障。《国务院关于加强文化遗产保护的通知》（国发〔2005〕42号）明确规定，各级人民政府要将文化遗产保护经费纳入本级财政预算，保障重点文化遗产经费投入。要抓紧制定和完善有关社会捐赠和赞助的政策措施，调动社会团体、企业和个人参与文化遗产保护的积极性。《历史文化名城名镇名村保护条例》明确要求："国务院建设主管部门会同国务院文物主管部门负责全国历史文化名城、名镇、名村的保护和监督管理工作。地方各级人民政府负责本行政区域历史文化名城、名镇、名村的保护和监督管理工作。国家鼓励企业、事业单位、社会团体和个人参与历史文化名城、名镇、名村的保护。"可以说，历史文化保护传承工作，既需要地方政府履行主体责任、安排保护资金，也需要全社会的共同参与。

历史文化名镇、名村公共参与和管理的具体评价标准包括：1）居民全面深入参与保护利用工作，在保护利用全过程、全方位征求社区居民和村民的意见，建立了居民议事厅、工作坊等公共参与机制与平台。2）社会各方力量积极参与保护工作，如村委会、宗亲会等居民组织定期参与讨论镇村保护利用相关工作，社会公益性组织、企业积极参与镇村保护利用工作。3）日常管理有效有序，如设置保护管理专职机构，配备专职保护管理人员，明确了保护实施、管理运营的主体单位；制定了地方保护管理法规、管理办法、村规民约等。4）注重政策机制创新，如通过政策改革创新，有效盘活宅基地、提高建房用地的利用；充分利用各种途径积极争取各类保护资金补贴，建立常态化保护实施资金投入机制；破解金融融资等政策机制障碍，形成多元化融资模式等。

4　示范案例分类说明

本书入选的历史文化名镇、名村案例分为"综合类""单项类"。"综合类"案例为获得5个类别中5项、4项提名的案例，作为保护工作的综合示范。"单项类"案例为获得5个类别中3项、2项提名的案例，重点推荐案例某些方面的经验，做到精准指引。最终，本书编入历史文化名镇示范案例18项（综合类10项、单项类8项）、历史文化名村示范案例19项（综合类5项、专项类14项）（表1）。此外，受本书篇幅所限，获得1项提名的案例作为表扬类案例，列表如下以资鼓励，见表2。

历史文化名镇、名村示范案例和示范方向一览表   表1

序号	案例名称	案例分类	示范方向
1	云南省大理白族自治州剑川县沙溪镇	名镇综合类	整体保护类、人居环境改善类、活化利用类、公众参与和管理类、技术方法创新类
2	贵州省黔东南苗族侗族自治州雷山县西江镇	名镇综合类	整体保护类、人居环境改善类、活化利用类、公众参与和管理类、技术方法创新类
3	江苏省苏州市吴江区同里镇	名镇综合类	整体保护类、人居环境改善类、活化利用类、公众参与和管理类、技术方法创新类
4	浙江省嘉兴市嘉善县西塘镇	名镇综合类	整体保护类、人居环境改善类、活化利用类、公众参与和管理类、技术方法创新类
5	广西壮族自治区贺州市昭平县黄姚镇	名镇综合类	整体保护类、人居环境改善类、活化利用类、公众参与和管理类、技术方法创新类
6	四川省泸州市合江县尧坝镇	名镇综合类	整体保护类、人居环境改善类、活化利用类、公众参与和管理类、技术方法创新类
7	云南省保山市腾冲市和顺镇	名镇综合类	整体保护类、人居环境改善类、活化利用类、公众参与和管理类
8	山西省吕梁市临县碛口镇	名镇综合类	整体保护类、人居环境改善类、活化利用类、技术方法创新类
9	江苏省苏州市吴江区黎里镇	名镇综合类	整体保护类、人居环境改善类、公众参与和管理类、技术方法创新类
10	福建省南平市邵武市和平镇	名镇综合类	人居环境改善类、活化利用类、公众参与和管理类、技术方法创新类
11	江苏省苏州市昆山市周庄镇	名镇单项类	整体保护类、人居环境改善类、活化利用类
12	福建省泉州市惠安县崇武镇	名镇单项类	整体保护类、活化利用类、技术方法创新类
13	浙江省绍兴市柯桥区安昌镇	名镇单项类	活化利用类、公众参与和管理类、技术方法创新类
14	福建省泉州市永春县岵山镇	名镇单项类	活化利用类、公众参与和管理类
15	福建省福州市永泰县嵩口镇	名镇单项类	活化利用类、公众参与和管理类
16	贵州省贵阳市花溪区青岩镇	名镇单项类	活化利用类、技术方法创新类
17	浙江省杭州市建德市梅城镇	名镇单项类	活化利用类、公众参与和管理类
18	广东省梅州市梅县区松口镇	名镇单项类	整体保护类、公众参与和管理类
19	北京省门头沟区斋堂镇爨底下村	名村综合类	整体保护类、活化利用类、公众参与和管理类、技术方法创新类

序号	案例名称	案例分类	示范方向
20	安徽省池州市贵池区棠溪镇石门高村	名村综合类	整体保护类、人居环境改善类、公众参与和管理类、技术方法创新类
21	广西壮族自治区贺州市富川瑶族自治县朝东镇秀水村	名村综合类	整体保护类、人居环境改善类、活化利用类、公众参与和管理类
22	云南省大理白族自治州云龙县诺邓镇诺邓村	名村综合类	整体保护类、人居环境改善类、活化利用类、技术方法创新类
23	广东省佛山市顺德区北滘镇碧江村	名村综合类	人居环境改善类、活化利用类、公众参与和管理类、技术方法创新类
24	江苏省苏州市吴中区金庭镇石公村明月湾村	名村单项类	整体保护类、人居环境改善类、活化利用类
25	河北省邢台市沙河市柴关乡王硇村	名村单项类	整体保护类、人居环境改善类、活化利用类
26	山西省晋城市阳城县润城镇上庄村	名村单项类	整体保护类、活化利用类、公众参与和管理类
27	浙江省丽水市缙云县新建镇河阳村	名村单项类	整体保护类、公众参与和管理类、技术方法创新类
28	江苏省南京市高淳区漆桥街道漆桥村	名村单项类	整体保护类、公众参与和管理类、技术方法创新类
29	河北省邢台市信都区路罗镇英谈村	名村单项类	人居环境改善类、活化利用类、技术方法创新类
30	江西省抚州市金溪县合市镇游垫村	名村单项类	人居环境改善类、活化利用类、技术方法创新类
31	福建省三明市尤溪县洋中镇桂峰村	名村单项类	活化利用类、公众参与和管理类、技术方法创新类
32	贵州省黔东南苗族侗族自治州榕江县栽麻镇大利村	名村单项类	活化利用类、公众参与和管理类、技术方法创新类
33	江西省南昌市安义县石鼻镇罗田村	名村单项类	整体保护类、公众参与和管理类
34	山西省晋中市介休市龙凤镇张壁村张壁古堡	名村单项类	整体保护类、技术方法创新类
35	浙江省杭州市建德市大慈岩镇新叶村	名村单项类	整体保护类、技术方法创新类
36	浙江省金华市磐安县安文街道墨林村	名村单项类	人居环境改善类、公众参与和管理类
37	河南省平顶山市郏县冢头镇李渡口村	名村单项类	活化利用类、公众参与和管理类

历史文化名镇、名村表扬类案例名单　　　　表2

序号	案例名称	案例分类	示范方向
1	重庆市綦江区东溪镇	名镇类	整体保护类
2	四川省广元市昭化区昭化镇	名镇类	整体保护类
3	四川省雅安市雨城区上里镇	名镇类	整体保护类
4	广东省珠海市香洲区唐家湾镇	名镇类	人居环境改善类
5	河南省许昌市禹州市神垕镇	名镇类	人居环境改善类
6	广东省江门市开平市赤坎镇	名镇类	人居环境改善类
7	江苏省南京市高淳区淳溪镇	名镇类	公众参与和管理类
8	福建省三明市永安市贡川镇	名镇类	公众参与和管理类
9	陕西省渭南市韩城市西庄镇党家村	名村类	整体保护类
10	福建省三明市明溪县夏阳乡御帘村	名村类	整体保护类
11	浙江省丽水市莲都区雅溪镇西溪村	名村类	整体保护类
12	贵州省黔东南苗族侗族自治州黎平县肇兴镇肇兴村	名村类	整体保护类
13	江西省抚州市乐安县牛田镇流坑村	名村类	整体保护类
14	云南省文山壮族苗族自治州广南县者兔乡板江村	名村类	人居环境改善类
15	山东省青岛市即墨区田横镇雄崖所村	名村类	人居环境改善类
16	福建省泉州市泉港区后龙镇土坑村	名村类	人居环境改善类
17	河南省信阳市新县周河乡毛铺村	名村类	人居环境改善类
18	湖南省岳阳市平江县童市镇烟舟村	名村类	人居环境改善类
19	安徽省黄山市黟县碧阳镇关麓村	名村类	活化利用类
20	江西省上饶市婺源县江湾镇篁岭村	名村类	活化利用类
21	吉林省延边朝鲜族自治州图们市月晴镇白龙村	名村类	活化利用类
22	云南省红河哈尼族彝族自治州建水县西庄镇新房村	名村类	公众参与和管理类
23	广西壮族自治区南宁市江南区江西镇扬美村	名村类	公众参与和管理类
24	浙江省湖州市长兴县泗安镇上泗安村	名村类	公众参与和管理类
25	江西省吉安市青原区文陂镇渼陂村	名村类	技术方法创新类

5 本书编写过程

2023年5月，为了更好地宣传、展示历史文化名镇、名村示范案例的实施效果和示范经验，专委会秘书组拟定了示范案例的内容要点：1）案例概况：主要说明实施案例的区位、资源概况、价值特色等基本情况；2）实施成效：对案例的实施模式、实施内容、实施成效进行全面概况的介绍；3）示范经验：重点围绕示范案例提名类别，说明案例实施中值得借鉴的亮点、创新点和具体做法。

经各申报单位对前期申报材料的进一步总结、提炼，形成了本书案例部分的主体内容。可以说，每个案例的示范经验都是对长期保护传承实践的一次回顾与反思，每条经验都是具体做法的一次理论和思想升华。这些案例虽仅是我国大量历史文化保护传承实践的冰山一角，却也能够从五个方面为建构起具有中国特色的保护传承理论和方法体系提供坚实的基础。同时，第二辑增加了二维码扫码功能，能够更加形象地展示各地名镇、名村风貌。希望本书能够为引导历史文化保护传承的正确方向发挥积极的作用！

第二章
历史文化名镇类
示范案例

1 云南省大理白族自治州剑川县沙溪镇

扫码观看视频

示范方向： 整体保护类、人居环境改善类、活化利用类、公众参与和管理类、技术方法创新类

供稿单位： 剑川县住房和城乡建设局、剑川县沙溪镇人民政府

供稿人： 张健辉、何培文

专家点评　沙溪镇注重保护城镇格局及其与外部自然的结构关系，展示内在的生产、生活及历史文化背景，在不破坏民居外在形式的前提下，实现内部设施的现代化，不断完善公共服务与基础设施；适当利用戏台、寺庙、民居等各类建筑开展文化旅游，结合非遗培育特色品牌产业；利用媒体塑造自身良好形象，促进经济社会发展以及保护工作良好开展；多方争取资金支持，以"沙溪复兴工程"整合多项国内外技术，努力推进低碳社区中心建设。

图1　沙溪镇鸟瞰
来源：沙溪镇人民政府

1 案例概况

1.1 区位

沙溪镇地处金沙江、澜沧江、怒江三江并流世界自然遗产区——老君山片区的东南端，位于大理风景名胜区与香格里拉、丽江之间。沙溪坝四面环山，澜沧江水系黑潓江由北至南纵贯全坝。

1.2 资源概况

沙溪镇是具有独特历史文化和白族风情的中国历史文化名镇，2007年被命名为"中国历史文化名镇"。沙溪镇总面积287平方公里，坝区面积26平方公里，耕地面积29.2平方公里（43856亩），是一个以白族为主，汉、彝、傈僳族共居的少数民族聚居地，白族人口约占80%。镇内有全国重点文物保护单位3处，省级文物保护单位1处，州级文物保护单位4处，县级文物保护单位11处；第三次全国文物普查共登记不可移动文物33个、中国传统村落7个；2017年经县人民政府批准挂牌重点保护的第一批历史建筑有25处；寺登街区有古树名木118棵。

1.3 价值特色

沙溪镇发轫于战国，勃兴于汉唐，鼎盛于明清的沙溪镇一直都是"茶马古道"的核心交汇点。由于特殊地理位置和多元民族文化的双重作用，沙溪镇遗存保护和民俗特色传承一直没有中断。境内名胜有石宝山风景区，被列为国家级风景名胜区之一；鳌峰山古墓出土了汉代以前青铜器、兵器等文物。境内石钟山石窟为全国第一批重点文物保护单位，兴教寺为云南省第三批重点文物保护单位，杨惠墓、段家登戏台列入州、县两级文物保护单位。

图2 沙溪镇传统肌理
来源：沙溪镇人民政府

2 实施成效

2.1 实施组织和模式

2001年9月，剑川县人民政府和瑞士苏黎世联邦理工大学正式启动沙溪镇历史文化遗产保护和利用项目——"沙溪复兴工程"。沙溪复兴工程以沙溪镇深厚而丰富的历史文化遗产为根基，以古建筑保护为切入点，以旅游发展为经济动力，以实现社会、文化、经济、资源、景观之间相互依托、彼此协调的可持续发展为目标。

2.2 实施内容

沙溪复兴工程分为核心建筑遗产、古村落、整个坝子三个层次，进一步具体化为四方街修复、古村落保护与发展、沙溪坝可持续发展、生态卫生、脱贫与地方文化保护、宣传推广六个子项目。

2.3 实施成效

2006年，修复后的沙溪兴教寺被列为第六批"国家级重点文物保护单位"；2010年，沙溪入选108个"中国村庄名片"，同时被命名为"中国乡村文化遗产地标村庄"；2014年，国家民族事务委员会将沙溪镇寺登村命名为首批"中国少数民族特色村寨"，同年被评为"云南省十佳特色文化村寨"；2015年，中央电视台综合频道和新闻频道对沙溪镇作了专题报道。众多主流媒体的关注和宣传，提升了沙溪镇乃至剑川县的知名度，促进了当地经济社会的可持续发展。

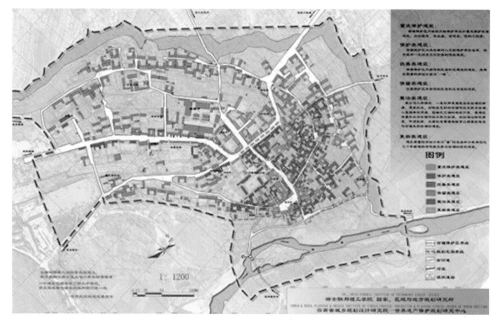

图3 沙溪历史文化名镇保护与发展规划
来源：沙溪镇人民政府

3 示范经验

3.1 整体保护方面

经验1：整体保护古镇及其依托的自然景观环境。

古镇保护实施前，沙溪镇内民居和街道破损，基础设施缺乏，环境脏乱无序，集市代表性建筑魁阁带戏台、兴教寺、东寨门、南寨门、四方街广场及周边建筑年久失修，安全隐患极大。项目在实施过程中，按照"修旧如旧"的原则，统筹考虑寺登街肌理、文物古迹、民族民俗文化及与历史文化密切相关的山、水、田、古树名木等要素，进一步挖掘整理白族传统建筑风貌，确保主体结构安全的前提下，最大限度保护和凸显古民居最有价值的元素，将始建时缺失的功能巧妙地加进去，达到既保存原风貌又使其功能得到增强的目标，在其中可体验到老房独有的历史文化韵味，从而有力地保护了寺登街传统古村落的风貌。2005年沙溪镇荣获联合国教科文组织颁发的"环球视野奖"。

图4　魁阁带戏台、南寨门修复前后对比
来源：沙溪镇人民政府

3.2　人居环境改善方面

经验2：通过"六个一"工程，全面提升古镇人居环境质量。

在项目实施中，沙溪镇完成寺登村入口标志性建筑、镇区主干道906米石板路改造；对东寨门片区、寺登街北古宗巷、南古宗巷至玉津桥路段道路进行改造；建成并投入使用寺登街生活污水处理设施。该项目共投入约3911万元完成"六个一"（一个集中的居住区、一个卫生规范的商业街、一个综合文体娱乐场所、一个垃圾无害化集中处理点、一批生态公厕、一个连片发展的产业集聚区）的改造提升。2016年11月，"沙溪镇寺登街复兴工程"入选2016年中国人居环境范例奖。

图5　改造后的路面
来源：沙溪镇人民政府

图6　生态公厕改造
来源：沙溪镇人民政府

3.3 活化利用方面

经验3：以文塑旅、以旅彰文，推动古镇经济转型发展。

古镇保护利用实施前，沙溪镇知名度不高，可观性不强，游客量极少，即使是大理白族自治州、剑川县本地人也很少问津；实施后，游客数量逐年递增。2012年8月14日，沙溪镇旅游区被全国旅游景区质量等级评定委员会评为国家4A级旅游景区。2016年接待国内外游客数量达到98.96万人次。

图7　先锋书局
来源：沙溪镇人民政府

图8　石宝山歌会
来源：剑川县住房和城乡建设局

图9　沙溪镇全景
来源：剑川县住房和城乡建设局

3.4 公众参与和管理方面

经验4：提升居民文化遗产保护意识，实现历史保护与城镇发展双赢。

古镇保护利用实施整体改造了沙溪镇的城镇基础设施，优化了沙溪区域生态环境，气候条件保持良好，宜居指数逐步提升，居民生活质量显著改善，古镇文化遗产得到更好的保护和传承。古镇保护和利用的直接受益者是沙溪镇居民，2002年居民人均年收入由2002年的不足800元，提升到2015年的9183元，提前实现居民整体脱贫的目标。由于古镇遗址和文化保护成果的影响力持续发酵，群众自觉参与古镇保护的意识基本形成，带动整个沙溪坝区经济发展，引发较好的社会反响。

图10　古镇古民居的保护利用
来源：沙溪镇人民政府

3.5 技术方法创新方面

经验5：立足本土，与国际文化遗产保护理念接轨。

2002年8月开始实施的沙溪复兴工程得到瑞士苏黎世联邦理工学院连续五期的资金和技术支持，从中可以看出：必须使自身的文化遗产保护意识与国际理念相接轨，立足于本土文化遗产保护特色优势，内涵式保持历史人文吸引力和民族文化自信心，占据国际文化遗产保护领域的前沿，获得可持续的国际认可和支持，使自身文化遗产保护机制不断完善，走上国际化发展的快车道。

经验6：创新机制，注重历史文化遗产保护的人文本质。

在项目实施过程中，剑川县人民政府与瑞士发展合作署签订《气候变化合作与对话谅解备忘录》，形成一个"避免沙溪走上东部沿海城市化和旅游产业过度开发老路的低碳社区中心建设"机制，提出"沙溪低碳社区中心将发展成为文化、生态旅游、自然文化与自然遗产保护以及环境保护的中心"，强调注重历史文化遗产保护的人文本质，体现历史文化遗产保护不仅具有经济功能性，更应该具有文化终极性。

图11 传统民居修复前后
来源：沙溪镇人民政府

图12 签署仪式
来源：沙溪镇人民政府

图13 沙溪镇鸟瞰
来源：沙溪镇人民政府

2 贵州省黔东南苗族侗族自治州雷山县西江镇

示范方向： 整体保护类、人居环境改善类、活化利用类、技术方法创新类、公共参与和管理类

供稿单位： 贵州省雷山县住房和城乡建设局

供稿人： 李天翼、张静

扫码观看视频

专家点评 西江镇加强村民自觉保护意识，以各户民居的维护，自下而上地实现城镇整体特色的传承；以公共服务和交通设施的建设，引领人居环境改善；以中国民族博物馆——西江千户苗寨馆的设立，活化利用各类建筑；以保护条例的制定，实现依法保护；以责任到家的办法，促进公众参与；以利益共享的原则，建立长效管理机制；把"喊寨""扫寨"或"洗寨"等传统习俗与灭火器等现代器材的入户结合起来，加强消防措施应用。

图1　山清水秀的西江苗寨
来源：贵州西江千户苗寨文化旅游投资（集团）有限公司（简称"西江旅游公司"）

1 案例概况

1.1 区位

西江镇地处黔东南苗族侗族自治州雷山县境内，距县城约20公里，是中国苗族历史上五次大迁徙的主要聚集地、中国苗族的大本营，由十余个自然村寨组成。目前西江镇住户1380多户，6000多人，其中99.5%是苗族，因其寨子规模巨大而被称为"千户苗寨"。

1.2 资源概况

西江镇入选中国第三批历史文化名镇，先后获得"中国景观村落""中国少数民族特色村寨""全国农业旅游示范点""中国文化生态景区"等荣誉称号，共有15项国家级非物质文化遗产，1300多栋吊脚楼；在非物质文化遗产遗留中，有生产工具12000多件，苗绣服饰11000多件，银饰4000多件，是中国苗族原生态文化保留相对完好的地方。

1.3 价值特色

西江镇吊脚楼建筑群依山而建，鳞次栉比，规模宏大，部分房屋有200~300年之久的历史，堪称干栏式建筑的活化石。苗年节、鼓藏节、银饰、刺绣等非物质文化遗产底蕴厚重，内涵丰富，有鲜明的地域和民族特色。

图2 风雨桥环境要素
来源：西江旅游公司

图3 西江千户苗寨田园景观环境
来源：西江旅游公司

2 实施成效

2.1 实施组织和模式

西江镇采取"全民保护+全民参与+全民共享"的发展模式，以吊脚楼建筑群为保护核心，以守正创新、活化利用为原则，充分相信群众、依靠群众，形成党委和政府领导、社区居民、村两委、经营主体、民间组织等多主体共创、共建、共享的保护传承发展格局。

2.2 实施内容

以5.5平方公里村落空间为重点，西江镇对建筑风貌、文化空间、民俗事项及非物质文化遗产进行全面整体保护利用。西江镇通过党委和政府设规程、定制度，建立村寨保护发展的利益共享机制，带动社区居民形成"人人是苗寨的主人、个个是文化保护的主体、家家是民俗博物馆、户户是旅游建设基地"的保护发展机制。

2.3 实施成效

经过十多年来的共创共建，西江镇村寨整体建筑风貌、文化遗产得到有效保护。通过活化利用，西江镇实现了"生态好、村寨美，产业旺、百姓富，文化兴、品牌亮，寨和谐、人自信"的村落保护与旅游发展的双赢态势，成为全国著名的民族旅游村寨。

图4 西江苗寨新旧对比
来源：西江旅游公司

3　示范经验

3.1　整体保护方面

经验1：修明法度，规范规划建设和日常管理。

西江镇先后编制《西江千户苗寨保护和建设规划》《西江千户苗寨风貌保护规划》等规划，制定《景区古树名木管理保护的措施》《西江千户苗寨风貌管理管理办法（暂行）》《西江千户苗寨旅游特色美食饮食规范》《西江千户苗寨景区农家乐管理办法》等地方管理规范制度，从顶层引领村寨的建设与保护。

经验2：依法依规，保护吊脚楼建筑群特色风貌。

为保护好村寨的整体风貌，尤其加强对吊脚楼建筑群的保护，西江镇以《西江千户苗寨房屋建筑保护条约》《西江景区建房规划、风貌"十严禁、十必须"》为依据，加强对吊脚楼建筑的保护，对批准新建、改建、维修的吊脚楼建筑明确了高度、立面、材质、色调等相关要求，确保苗寨建筑风貌保持原有的肌理文脉。

图5　西江吊脚楼新旧对比
来源：西江旅游公司

3.2 人居环境改善方面

经验3：实施"四化"工程，提升村寨宜居性。

2008年以来，西江镇投入大量资金，先后对村寨的生产空间、生活空间、文化空间和旅游空间进行提升改造，将苗族元素融入街巷、博物馆和民居建筑建设中，通过村寨夜景照明化、旅游污水处理化、传统旱厕冲水化、门面店牌整治化"四化"，不断优化村落景观及其人文生态，提升整个村寨宜居性。

经验4：生态保护和历史保护兼顾，注重村寨周边历史环境的修复。

坚持生态建设与植被修复并重，积极推进村落环境保护绿色化工作：将苗族爱树护树、人与自然和谐共生等生态智慧融入村落生态教育，在寨中河道、旅游环寨公路等地带广泛种植绿色植物，守好村寨古树古木，重视田园观光区的保护，构建起"寨中有绿、绿中有寨"的生态保护屏障。

图6　博物馆
来源：西江旅游公司

图7　苗寨周边环境要素
来源：西江旅游公司

3.3 活化利用方面

经验5：促进文化价值转化为经济价值。

在保护好村寨整体风貌和吊脚楼建筑风格的基础上，西江镇根据旅游发展和改善生活居住条件的需要，允许村民对吊脚楼建筑进行旅游化、现代化的更新和改造，打造出刺绣、银饰、蜡染等具有互动性、体验性的旅游空间；在芦笙场、古街小巷等文化空间植入歌舞表演、服饰展示、节日庆典等旅游文化活动，积极促进村寨文化价值向经济价值不断转化。

经验6：开发独具民族特色的文旅精品项目。

根据旅游发展的需要，西江镇对文化要素进行识别、筛选、确认，对村落民族文化进行了二次重构，通过场景再造、元素添加等方式，不忘本来，吸收外来，面向未来，创新出了"千家灯火工程"，以及"高山流水敬酒礼""十二道拦门酒"等具有民族特色的文化旅游体验产品，促进民族文化的创造性转化与创新性发展，实现了民族传统文化与现代文化的交汇交融。

图8　西江苗寨长桌宴
来源：西江旅游公司

图9　西江苗寨"高山流水敬酒礼"和"十二道拦门酒"
来源：西江旅游公司

3.4 技术方法创新方面

经验7：推进数字化平台建设，建立数据防火系统。

西江镇积极构建村寨旅游数字化平台，及时掌握进入村寨的人员及车辆信息；建立村寨"数据防火"智能信息系统，促进村寨消防管理、违章违建等问题全方位电子化监管，依托村寨矛盾纠纷信息化系统建立起村落矛盾处理以及村寨人口管理的现代化，及时对村寨情况进行监控与掌握；整合公安、消防、交通、旅游信息系统，建立"大数据+村寨自治+全民共治"指挥中心，实现村寨数据点对点、可视化、扁平化指挥调度。

图10　西江苗寨情人节等苗族文化旅游产业
来源：西江旅游公司

图11　苗寨特色产业
来源：西江旅游公司

3.5 公众参与和管理方面

经验8：坚持党的领导，构建多主体参与、多手段结合、全民化共建的综合治理格局。

西江镇社会治理始终坚持党政领导、多主体共同治理的协同方式，凡涉及村寨发展及社区居民切身利益的重大议题、重大决策、重大行动，都经过党委和政府的运筹帷幄，再由执法部门、经营商户、村两委、民间组织齐抓共管，互相配合，共同为村寨治理出行动、出智慧，确保了村落社会运行的稳定。

经验9：应用民间治理智慧助力村落保护发展。

除了遵守国家法律法规以外，还充分运用乡土社会的"村规民约"、苗族历史上遗留下来的"议榔制""寨老制""扫寨仪式""鸣锣喊寨""民间歌谣"等民间智慧，对有碍村落保护发展的失范、失当、失德行为进行规训与处罚，无论哪一个主体违纪，均同等相待，一视同仁，做到了"小矛盾不出村、大矛盾不出镇"的良好风气。

经验10：创立村寨保护发展的利益共享机制。

从2009年起，西江镇开始创立民族文化保护利益的共享机制，每年将村寨景区门票收入的18%作为民族文化保护分红经费，根据吊脚楼建筑的保护程度、家庭人口数的多少、村民保护行为的规范等方面的差异进行门票分红。从2011年上半年到2020年，累计发放民族文化保护奖励经费1.82亿元，户均累计超过了13万元。

图12 西江苗寨多主体协同共治
来源：西江旅游公司

扫码观看视频

3 江苏省苏州市吴江区同里镇

示范方向： 整体保护类、人居环境改善类、活化利用类、技术方法创新类、公众参与和管理类

供稿单位： 苏州市自然资源和规划局、苏州市吴江区同里镇人民政府、上海同济城市规划设计研究院有限公司

供稿人： 周俭、张仁仁、董征、沈春希

专家点评　同里镇建立自主更新监管机制，确保个体建房符合整体保护要求；实现社区与景区协调建设；区别对待不同时期的建筑，以彰显完整的历史脉络；按照"一刻钟便民生活圈"完善公共服务设施；把建筑遗产合理利用于文化和旅游活动；发挥政府、企业和技术人员各自的优势，形成保护合力；将文物资源同互联网相结合，打造"智慧同里"；设立配备智能报警云系统的新型微型消防站；积极利用太阳能、风能等绿色能源，做好与古镇风貌的协调。

图1　同里镇整体鸟瞰
来源：同里镇人民政府

1 案例概况

1.1 区位

同里镇位于江苏省苏州市吴江区东部、长三角一体化示范区西北部,历史镇区面积约54公顷,人口规模约1万人。同里镇地处东太湖湖荡平原,是古代大运河和江南水乡经济市场网络上的米粮重镇、吴(地)文化崇文重教传统和民风民俗活态传承的生动代表,被列入江南水乡古镇联合申遗名录。

1.2 资源概况

同里镇现存世界文化遗产1处(退思园),各级文物保护单位、控制保护建筑及"三普"文物点共计191处,历史建筑(含建议)23处,传统风貌建筑100余处;传统风貌河街空间9段、传统风貌街巷28条、古桥15处、古树名木68处、古井35处、国家级文物保护单位3处。

1.3 价值特色

同里镇"五湖环绕、圩河交织、依水成街、环水设市、傍水为园"的整体空间格局,是水乡古镇的典型和独特类型;镇内民居与园林建筑是江南水乡生活理念的具体体现,具有典型的建筑与园林艺匠价值;同里镇集中体现了东太湖流域"塘浦圩田"文化景观,对研究江南水乡文化景观的传承和发展具有重要的历史、科学、文化、艺术价值。

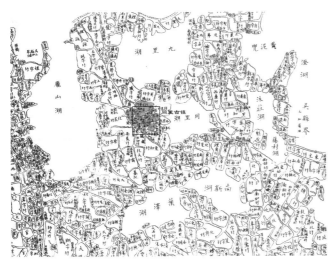

图2 民国元年(1912年)十一月同里镇区及周边圩图
来源:民国元年(1912年)十一月《江苏吴江县江属圩图》重绘

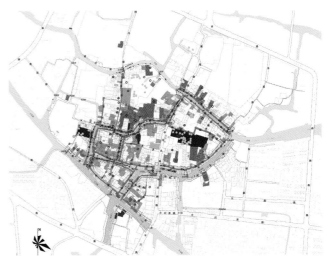

图3 同里镇历史文化遗产分布图
来源:上海同济城市规划设计研究院有限公司

2 实施成效

2.1 实施组织和模式

同里镇采取"政府引导与管控、专家审查、公众参与"的组织模式。政府组织编制规划，申报保护项目和资金，承担日常保护与监管的责任；专家协助审查自建项目的实施方案；企业和居民在管理办法和建设导则的指导下负责项目实施。

2.2 实施内容

政府积极筹集保护资金，主要用于遗产保护利用和人居环境提升两方面的工作。

遗产保护利用方面，同里镇积极修缮文物保护单位并推动活化利用，建设遗产展示馆、专家工作站等文化交流设施；持续开展建筑风貌、河街空间、传统街巷的整治和修缮工作。

人居环境提升方面，同里镇逐年开展的公房修缮、危房解危工作成效显著；运用新技术推进古镇交通设施、消防设施与市政基础设施的更新迭代。

在政府引导下，居民自筹资金，按"原位置、原高度、原面积"的要求和管控流程进行房屋更新。近十年来，民居翻建项目约70项，民居整体改建项目约95项，其中部分更新为民宿客栈。自主更新不仅改善了居住环境、提高了收入，也维护了古镇整体风貌。

2.3 实施成效

同里镇完整保护了水乡古镇的文化魅力，避免了对原住居民的搬迁及对社会网络不可逆转的破坏，保持了古镇生活的延续性、真实性与空间景观多样性，实现了社会与经济效益的统一。除了"首批中国历史文化名镇""国家太湖风景名胜区同里景区""中国十大魅力古镇"等荣誉，近年来同里镇还获得了"国家5A级旅游景区""江苏省首批智慧旅游景区""十佳生态休闲宜居小镇"等荣誉称号。

3 示范经验

3.1 整体保护方面

经验1：整体保护，修复圩岛格局和河街空间整体风貌。

古镇内完整的河道网络、街巷网络将广大民居连为整体，对空间形态的构成起着举足轻重的作用，富有变化的河街景观与街道景观是同里镇风貌的重要特色之一。自20世纪90年代起，同里镇累计已完成20余条街巷、15座古桥以及所有河道清淤与活水工程。例如，同里镇于1997年疏浚了丁字河，贯通了古镇水系，保护与维持了原有圩岛空间格局。

经验2：科学修缮，尊重文化遗产保护的真实性。

同里镇坚持"不改变文物原状""最小干预"的原则，在对退思园、丽则女学、耕乐堂、崇本堂等文物保护单位进行修缮的过程中，皆以翔实的历史资料为蓝本，恢复历史旧貌；最大限度利用原有材料、保存原有构件、使用原工艺，注重保留与传承传统工艺做法，尽可能多地保存历史信息、保持文物建筑的原真性。

图4 丁字河
来源：同里国际旅游开发有限公司

图5 穿心弄
来源：上海同济城市规划设计
研究院有限公司

图6 退思园内退思草堂修缮
来源：凌刚强 摄

图7 丽则女学教学楼修缮再利用
来源：同里国际旅游开发有限公司

图8 耕乐堂花园修复
来源：上海同济城市规划设计研究院有限公司

经验3：新旧融合，保持并延伸历史性城镇景观的层积价值。

　　同里镇合理利用不同历史时期的历史文化资源，维护风貌多样性，完整诠释同里镇的发展脉络。例如，同里遗址为研究本地区史前聚落的特点提供了范例；太湖水利同知署一期体现了太湖流域治水历史；经笃堂第一进院落的修缮过程中，保留修复了同里公社时期的标语与五角星装饰。居民与商家在自主修缮更新房屋时，有意识地保留了不同历史时期的时代印记。

图9　鱼行街168号民居更新前后对比
来源：上海同济城市规划设计研究院
有限公司

图10　居民自主更新的简园客栈
来源：同里国际旅游开发有限公司

图11　居民自主更新的历史建筑保留
了20世纪50年代的标语
来源：上海同济城市规划设计研究院有
限公司

3.2 人居环境改善方面

经验4：景区社区共建，扎实推进危房解危工作。

同里镇坚持"景区与社区共建"，在提高居民人居环境、生活品质方面，持续加强既有建筑的安全巡查、监督与改善，近五年投入约3000万元进行公房修缮与危房改造。

经验5：完善社区公共服务设施，持续建设宜居古镇。

为补上"短板"，满足居民日常生活服务"便利化、标准化、智慧化、品质化"提升，同里镇按照"一刻钟便民生活圈"的要求，近年来完成了社区服务中心、"海棠新享汇"服务站、同里中学改造、同里镇中心幼儿园扩建等项目。

经验6：更新迭代现代化基础设施，提升古镇基础设施韧性。

同里镇建设了吴江首条智轨捷运系统T1示范线，进一步联系了吴江区及苏州中心城区；新建微型消防站，纳入吴江区119消防联动调度体系，并配备智能报警云系统，自主研制的"河浜固定消防泵"获得国家实用新型专利；开展电力、供水、排水设施的改造升级工程，升级电缆，对弄堂里的民用线路进行归并，更新古镇供水系统，采用真空负压收集新技术改造污水系统。

图12 消防智能报警云系统
来源：同里镇人民政府

图13 电力基础设施改造升级
来源：同里镇人民政府

3.3 活化利用方面

经验7：深度植入契合遗产文化特质的新功能。

同里镇充分考虑遗产价值特色、原使用功能、保护要求、空间格局，进行活化利用功能的选择和演绎，提供更完整的遗产活化利用与感知体验。例如，丽则女学被活化利用为文化精品酒店、图书馆、国学课堂；庞家老宅内举办古琴、书法、禅修、八段锦等传承中式生活美学的文化活动。

经验8：多方式推动非物质文化遗产的活态传承。

同里镇拥有13项非物质文化遗产，通过举办富有特色的民俗体验、景致游览、文化交流、研学教育等活动，推动非物质文化遗产的活态传承。例如，罗星洲举办"罗星洲·晨钟暮鼓"，三桥举行"崇本堂·走三桥婚俗礼仪"，退思园开展"退思邀月"民俗游览活动，陈去病故居、金松岑天放楼开展研学教育活动。

经验9：积极融入江南水乡古镇文化旅游圈。

同里镇积极融入长三角示范区江南水乡古镇生态文旅旅游圈，开展江南水乡古镇联合申遗；与市区文化资源联动，开放了太湖水利展示陈列馆、吴江家风家训传承馆等文化场馆；推动农文旅一体化发展，发展同里国家湿地公园与吴江国家现代农业产业园。

图14　花间堂·丽则女学
来源：同里镇人民政府

图15　"走三桥"传统婚俗礼仪
来源：同里镇人民政府

图16　太湖水利展示陈列馆
来源：上海同济城市规划设计研究院有限公司

3.4 技术方法创新方面

经验10：数字技术提升古镇精细化管理水平。

同里镇利用"智慧同里"工程，以互联网和大数据为支撑，加强古镇精细化管理，包括消防报警、客流监控、机动车导流、社区配套服务、市政安全监控等方面。

经验11：创新技术赋能古镇修缮工程。

同里镇在遗产修复中积极采用新技术，包括利用红外热像仪检测遗产病害、三维激光扫描点云数据处理及建模等，配合翔实的历史资料，提升遗产保护修复的科学性。

3.5 公众参与和管理方面

经验12：探索多元主体共建、共治、共享方式。

同里镇保护包括居民、外来经营者、专家、规划师等多元主体，在更新过程中通过专家与社区规划师的参与，提升古镇建设管理水平。

经验13：建立自主更新监管机制。

为科学合理管控自主改建、翻建行为，同里镇形成了一套包含专家咨询、部门联审、四邻签字等机制的审批流程，在方案阶段引入专家审查制度，并联合第三方机构进行协助管理。

在政府的有效管理和引导之下，大部分古镇居民、外来经营者已具有较强的保护意识，高度认同古镇历史文化特色，成为古镇保护修缮与改善不可忽视的重要力量。

图17 历史建筑红外热像仪检测
来源：同里镇人民政府

图18 专家与社区规划师现场工作
来源：上海同济城市规划设计研究院有限公司

浙江省嘉兴市嘉善县西塘镇

示范方向： 整体保护类、人居环境改善类、活化利用类、技术方法创新类、公众参与和管理类

供稿单位： 嘉善西塘旅游休闲度假区管委会、嘉善县住房和城乡建设局

供稿人： 朱顺吉、钱锡尉、徐敏、张乐依、沈建华

专家点评 西塘镇原居民留存率高，是目前保存面积最大、最完整的古镇。西塘镇重资投入街道、河道整治和"三线三管"地埋工程；对20余万平方米的古建筑群进行整体活化利用，形成鲜明的古镇品牌；通过行业自律，加强经营管理；成立专门团队进行房屋修缮和景区管理；印发《西塘中国历史文化名镇建筑保护与整修监督管理办法》，规范相关操作流程；通过智慧化应急管理平台的搭建，建设嘉兴市反恐标准化示范景区。

图1　西塘镇双桥鸟瞰
来源：嘉善西塘旅游休闲度假区管委会

1 案例概况

1.1 区位

西塘镇位于嘉善县北部，东距上海90公里，西距杭州110公里，北连318国道、距苏州85公里，南接320国道、沪杭甬高速公路、申嘉湖高速公路，是全县的经济、交通、文化副中心，镇域面积82.92平方公里，户籍人口5.74万人，外来人口3.5万人，每年流动人口近600万人次。

1.2 资源概况

西塘镇拥有规模庞大的明清古建筑群，是我国江南水乡古镇之最；拥有独特的"三多"奇观，即桥多、弄堂多、廊棚多；拥有国家级非物质文化遗产——田歌。西塘镇目前共有省级文物保护单位8处，县级文物保护单位12个，县级文物保护点10个；共有省、市、县级非物质文化遗产31项，其中省级非物质文化遗产6项、市级非物质文化遗产9项、县级非物质文化遗产14项，县扩展项目2项；共有历史建筑13处；有中华老字号——钟介福药店和西塘老酒，有嘉兴老字号——管老太臭豆腐。

1.3 价值特色

西塘镇自唐代形成村落至今已有一千多年历史。目前，西塘镇保存了完整的以明清建筑群为代表的古建筑文化、以获得第十一届中国文华大奖的原创音乐剧《五姑娘》为代表的田歌文化、以代表国内漆器工艺最高水平的剔红漆器的手工艺文化、以南社柳亚子、以人民戏剧家顾锡东为代表的名人文化等。西塘镇景观已成为物质与非物质文化并存的典范，是研究中国民间建筑史、民俗史的最好原始物证和"活教材"。

图2 音乐剧《五姑娘》
来源：嘉善西塘旅游休闲度假区管委会

2 实施成效

2.1 实施组织和模式

西塘镇的保护与管理工作由西塘旅游休闲度假区管委会负责，与西塘镇合署办公，同时成立浙江西塘旅游文化发展有限公司负责景区的日常运营和管理。西塘镇始终坚持景区与社区共生的模式，它首先是一个有着2600多户原住居民居住的社区，其次才是一个有着生活内涵的景区，西塘带给游客的就是古朴的生活气息，是江南古镇活的标本。

2.2 实施内容

西塘旅游从1996年开放至今已有27年，先后经历了"从无到有"的初创期、"从有到大"的成长期、"从大到强"的快速发展期、"从强到精"的品质提升期、"从精到稳"的守护巩固期。目前，西塘镇进入转型迭代期，以千年古镇品质复兴为总体目标，以景区转型迭代为工作主线，深度融合西塘历史文化、人文底蕴、古镇旅游和数字建设，完善全域景观风貌建设，打造西塘旅游未来景区。

2.3 实施成效

目前，西塘镇保存了完整的以明清建筑群为代表的古建筑文化。西塘古镇景观已成为专家研究江南水乡民俗文化的基地，艺术家描绘江南水乡风貌的净地，游客尽情享受江南水乡风情的胜地，原住居民安居乐业、发家致富的"聚财地"。

图3　保存完好的明清建筑群
来源：嘉善西塘旅游休闲度假区管委会

图4　西塘镇酒吧一条街
来源：嘉善西塘旅游休闲度假区管委会

3 示范经验

3.1 整体保护方面

经验1：依法保护，强化古镇保护的法律依据及保障。

围绕西塘镇古镇保护的范围、区域、原则、职责、规划建设、法律责任等方面，通过古镇保护立法，为古镇后续的保护、管理、传承、利用打下坚实基础。

经验2：主客共享，建设古今共生的理想人居环境。

西塘镇继续高举景区、社区共建共享旗帜，强调西塘首先是一个社区，其次才是一个有着生活内涵的景区，是集古城镇和新镇区于一体的理想人居环境。

经验3：科学规划，优化古镇功能布局结构。

早在1986年，西塘镇就邀请浙江大学编制了《西塘镇城镇建设总体规划》，开始提出"保护古镇、开发新城"的思路。2000年2月，浙江省人民政府核准并公布西塘为省级历史文化保护区，先后修编《西塘省级历史文化保护区保护规划》《西塘镇旅游发展总体规划》《西塘镇全域旅游规划》等，科学合理地规划好新城区和老城区，对西塘镇的全面保护和可持续发展起到了重要的保障作用。

图5　景区、社区共建共享的西塘镇
来源：嘉善西塘旅游休闲度假区管委会

图6　西塘镇的生活气息
来源：嘉善西塘旅游休闲度假区管委会

3.2　人居环境改善方面

经验4：循序渐进，持续开展保护建设工程，逐步改善古镇设施与环境。

西塘镇保护走的是开发式保护之路，将古镇特有的传统遗存保护下来并展示给游客。旅游开发以来，西塘镇共投资10亿元用于古镇立面整治、管线地埋、不和谐建筑拆除、商户通道建设、河道清淤等项目。在建设维修过程中，西塘镇始终坚持"修旧如初、以存其真"的原则，选择具有古建筑修缮专长的施工队伍，采用原结构、原材料、原工艺等，使古镇传统建筑的原真性、完整性得到了切实保护。

图7　河道立面整治效果
来源：嘉善西塘旅游休闲度假区管委会

图8　开展整治工作
来源：嘉善西塘旅游休闲度假区管委会

3.3　活化利用方面

经验5：守正创新，依托传统空间举办现代文化活动。

西塘镇既传承了25万平方米的明清古建筑，又通过不断融合现代活力元素，使得西塘镇在保持怀旧情怀的同时，又富有创新和进取的激情，如先后举办了九届国际文化旅游节、五届国际旅游小姐中国区总决赛、一届国际旅游小姐亚洲区总决赛、十届西塘汉服文化周等。同时，在开发新城的过程中，西塘镇创新设计融合了古典和现代元素的新式建筑，创造了传统与现代有机结合、样式精美的现代城镇。

经验6：系统挖掘，再现古镇多彩的民俗文化。

西塘镇在保存西塘镇古建筑等物质文化的同时，注重对民俗风情等非物质文化的保护，把它们或放到博物馆、或由本地居民现场演绎，从而再现古镇多彩的民俗文化和民俗风情，原真性地保存西塘人的生活脉络，例如西塘田歌、越剧、护国随粮王庙信俗会、跑马戏等。

图9　嘉善田歌
来源：嘉善西塘旅游休闲度假区管委会

图10　省级非遗：护国随粮王庙信俗会
来源：嘉善西塘旅游休闲度假区管委会

图11　西塘汉服文化周
来源：嘉善西塘旅游休闲度假区管委会

3.4 技术方法创新方面

经验7：建设智慧景区3.0。

西塘镇全面提升旅游服务水平和游客体验，丰富景区智慧服务和产品供给内涵，包括以游客无感和弱化人工操作为核心需求，革新景区票务系统；以为游客提供零距离深度服务为目标，研发官方App，打造综合预订服务平台等。

经验8：建设嘉兴市反恐怖防范标准化示范景区。

景区成立应急联动指挥中心，建立景区应急管理平台，升级完善智能化技防应用，通过视频监控系统、SOS紧急报警系统、大数据人口动态分析系统、GPS定位系统、车牌识别管理系统、"民宿通"旅客信息登记系统等，实现景区内重点人（物）设防管理、景区状况实时巡查、突发事件移动指挥等功能。

图12 西塘水景
来源：嘉善西塘旅游休闲度假区管委会

图13 西塘古镇景区综合管控中心　　　　图14 和谐统一的建筑风貌

3.5 公众参与和管理方面

经验9：通过行业自律及旅游管理委员会强制化管理，规范景区的业态经营管理。

西塘镇一方面先后成立西塘民宿客栈协会、西塘古镇酒吧协会与餐饮协会，通过在各自行业内有影响力的单位引导，带动行业向更好的方向发展；另一方面，联合相关职能部门开展各类规范、业态的整治专项活动，同时充分发挥西塘景区内全科网格员队伍以及旅游服务监督员队伍的作用，使其成为相关职能部门在景区内规范业态的有效补充力量。

经验10：通过联合审批制度，加强景区房屋修缮管理。

西塘镇成立西塘历史文化名镇保护申报登记事项专家咨询组，实行申报登记备案管理制度，每两周召开一次联合审批会议，专家咨询组由西塘镇人民政府（西塘旅游管理委员会）、县综合行政执法局、县住房和建设局、县文化局、县环境保护局、县市场监督管理局、西塘房地产管理所、社区居委会等部门和单位组成，由西塘旅游管理委员会负责申报登记事项受理和组织联合申报。

经验11：通过成立专职消防队及全科网格队伍，强化景区消防安全。

西塘镇设立古镇专职消防队伍，现有一线战斗员14人，配备有4艘消防艇、5个消防装备室及相关消防器材，定期开展演练和比武竞赛；引进央企保利集团，成立景区全科网格队伍，将景区划分为11个片区，落实日常的秩序维护、保洁监督、风貌管控、违章管控等各方面管理工作，实现全天候、全时空、全覆盖的网格管理。

图15　西塘镇酒吧协会换届大会

图16　联合审批会议

扫码观看视频

广西壮族自治区贺州市昭平县黄姚镇

示范方向： 整体保护类、人居环境改善类、活化利用类、技术方法创新类、公众参与和管理类

供稿单位： 昭平县住房和城乡建设局、广西黄姚古镇旅游文化产业区管理委员会

供稿人： 肖依、刘贤约、廖圆英、袁显淇

**专家
点评**　黄姚镇镇区格 局基本保持原有特征，历史文化资源保护效果显著。黄姚镇积极开展生态修复和提升工作，努力增加公服设施；专项整治核心区民居屋顶；特别关心老龄人口。结合生物多样性保护和红色文化弘扬，打造独特的古镇文旅品牌。积极拓展国际资金渠道；以创建国家5A级旅游景区为抓手，凝聚政企合力；完善机构设置，化解景区和生活区矛盾，标识系统采用先进的智能化导视标识牌，建设人性化的智慧厕所。

图1　黄姚镇核心保护区鸟瞰
来源：广西黄姚古镇旅游文化产业区管理委员会

1 案例概况

1.1 区位

黄姚古镇位于世界长寿市——广西壮族自治区贺州市的西南面，地处漓江流域下游，距离广州市348公里、桂林市阳朔县约200公里，位于粤港澳大湾区2小时经济圈。西面以真武路、隔江山山脚沿线为界，北面以真武路、黄牛山山脚沿线为界。自东汉马援疏浚富群江以来，两千多年间一直是潇贺古道的重要节点。明万历四年开埠后，黄姚古镇成为岭南群峰间一座特色浓郁的文化重镇。黄姚古镇现存有数十处亭、台、楼、阁、桥梁、庙宇等古代建筑物，另外还有8条古街道、300多幢（座）古民居、大量古树名木以及一些名人故寓、墓葬等。

1.2 资源概况

黄姚镇共有自治区级文物保护单位3处、县级文物保护单位8处；已有黄姚豆豉加工技艺、黄姚放灯节等2项列入自治区非物质文化遗产保护名录，有2项列入市级非物质文化遗产保护名录，有12项列入县级非物质文化遗产保护名录。

1.3 价值特色

黄姚镇起源于北宋，经济繁荣，学风鼎盛，孕育了大量文人骚客，推动了黄姚古镇的文化发展，现存大量具有黄姚乡土特色、地域风格的诗、联、匾文化。在抗战时期，中共广西壮族自治区工委机关根据革命斗争的需要迁至黄姚，与疏散到此的大批民主党派人士和文化名人广泛形成抗日统一战线，也给黄姚古镇留下了一笔宝贵的抗战文化。古镇周边峰丛景观清秀典雅，四周环绕着9座喀斯特峰丛石山，奇峰林立，挺拔秀丽，形态奇特，奇甲天下。其中，石峰、溶洞、河溪、田园、修竹、茂林，与古亭、古桥、古井、古庙、古宅毗邻而居，充分展现了自然与人文的完美结合，构成了一幅喀斯特峰丛古镇的秀美画卷。

图2 古联
来源：广西黄姚古镇旅游文化产业区管理委员会

图3 三星楼对联
来源：广西黄姚古镇旅游文化产业区管理委员会

2 实施成效

2.1 实施组织和模式

在广西黄姚古镇旅游文化产业区（简称"黄姚产业区"）管理委员会指导下，黄姚镇人民政府加强对项目的谋划，及时向上级业务主管部门备案，保障项目建设任务全面完成；积极主动与财政部门沟通对接，根据项目实施进度及时拨付资金，以确保项目资金最大限度地发挥应有的使用效益。

2.2 实施内容

2011~2013年期间，黄姚镇实施广西特色文化名镇建设；共完成黄姚古镇博物馆、黄姚书院、古镇明清古建筑维修工程，石板街维修工程，黄姚新街立面改造工程等20多个名镇建设项目。2018年后，广西壮族自治区人民政府及贺州市人民政府投入大量资金开展广西贺州市生态环境与生物多样性保护、黄姚特色小镇培育建设工作。

2.3 实施成效

2017年10月，贺州市出台了《贺州市黄姚古镇保护条例》，是广西第一部关于古镇保护的地方性法规。截至目前，黄姚产业区招商引资到位资金达581亿元，完成入统固定资产投资达86.02亿元，旅游人数累计1766万人次，各项指标总值实现翻倍增长。2017年黄姚镇被评为第一批自治区级服务业标准化试点单位；同年，黄姚古镇成功入选全国第二批特色小镇；2018年获评为《魅力中国城》文化旅游魅力榜"年度魅力小镇""广西养生养老小镇""广西现代服务业集聚区""广西文化和旅游示范区""广西旅游度假区""第一批国家级夜间文化和旅游消费集聚区""国家级服务业标准化试点"；2020年获评为"中国楹联文化古镇"；2022年获评国家5A级旅游景区。

图4　黄姚古镇核心保护区屋顶整治项目
来源：广西黄姚古镇旅游文化产业区管理委员会

图5　广西弘轩文化投资有限公司技术人员在景区安装智能书柜
来源：广西黄姚古镇旅游文化产业区管理委员会

3 示范经验

3.1 整体保护方面

经验1：沿依旧制，延续古镇传统格局和建筑风貌。

历史文化古镇的更新与保护主要体现在历史风貌片段风貌特色的保护上，主要包括以下内容：首先，保护和延续原有的空间结构，体现在传统道路格局上，要尽量沿依旧制；其次，房屋修缮遵循修旧如旧的原则，工艺、用材、颜色、形制等要尽量贴合原貌。

经验2：完善法规，明确古镇保护内容和措施。

黄姚古镇旅游资源保护完整，保护措施效果显著。2008年，广西壮族自治区人民政府批复实施贺州市《黄姚国家历史文化名镇保护条例》；2017年10月，贺州市出台了《贺州市黄姚古镇保护条例》，是广西第一部关于古镇保护的地方性法规。2018年，贺州市利用法国开发署贷款广西贺州市生态环境与生物多样性保护项目，总投资共计5.03亿元。为了更好地保护景区的自然景观、文物古迹和生态环境，景区依据《贺州市黄姚古镇保护条例》，对景区内古建筑、古街区、古石桥、古文物、古亭廊、古树名木、自然景观等要素实施针对性的保护，有效预防自然和人为破坏，保持自然景观和文物古迹的真实性、完整性。

图6 入夜的黄姚镇空间尺度与氛围
来源：广西黄姚古镇旅游文化产业区管理委员会

图7　黄姚镇街巷
来源：广西黄姚古镇旅游文化产业区管理委员会

图8　黄姚古镇古街道
来源：广西黄姚古镇旅游文化产业区建设规划局

3.2 人居环境改善方面

经验3：重视环境治理，严控水质、噪声及空气质量。

近年来，景区对姚江实施环境治理、景观美化工作，对姚江地表水水质进行监测，并达到国家标准《地表水环境质量标准》GB 3838—2002规定的Ⅱ类水质；景区严格限制机动车进入，噪声指标达到国家一类标准；景区及周边无工业厂房或设施，空气质量达到国标一级标准；景区内建筑物及各种设施、设备均由专人维护保养，整体上无剥落、无污垢。

经验4：改善基础设施，升级旅游体验。

黄姚镇内的12个旅游厕所全部提质升级为智慧旅游厕所，其中3A级旅游厕所5座、2A级旅游厕所7座，A级旅游厕所占比达到100%。黄姚镇利用自治区本级财政安排的"广西特色小镇项目奖"补贴资金，对黄姚镇核心区民居的屋顶进行整治；对黄姚镇养生养老信息服务中心、黄姚古镇老年人活动中心、五保村开展维修工程；对黄姚镇核心区路网、建筑进行维修；建设黄姚产业区文化中心室外附属工程项目。古镇基础设施日益完善，新区面貌日新月异，发展活力显著增强，产业融合不断深入，人民生活愈加幸福，新区经济社会发生了翻天覆地的变化。

图9　生态系统保护和恢复——水中黄姚
来源：广西黄姚古镇旅游文化产业区管理委员会

图10　停车场充电区
来源：广西黄姚古镇旅游文化产业区管理委员会

图11　鲤鱼街广场河岸实施前后对比
来源：广西黄姚古镇旅游文化产业区管理委员会

3.3 活化利用方面

经验5：深度挖掘黄姚文化，成立古镇文化旅游产业示范区。

黄姚产业区始终围绕"千年古镇，梦境黄姚"的主题定位，深入挖掘和提炼黄姚古镇特殊价值的文化内涵。攻坚工作专班成立了黄姚古镇文化挖掘与整理工作组，制定黄姚古镇景区文化挖掘工作实施方案；邀请广西文旅智库专家探讨古镇唯一性、独特性和垄断性的文化特质，重点从非遗美食、红色传承、潇贺古道文化、客家民俗风情、长寿养生文化、楹联牌匾文化等方面，深挖黄姚的历史文化和民俗风情，全面推动文化和旅游产业的融合发展。

为加快把黄姚产业区建设成为全国文旅示范区，树立全国文旅产业发展标杆，2019年4月，广西壮族自治区文化和旅游厅与贺州市人民政府签订《自治区文化和旅游厅 贺州市人民政府合作共建黄姚古镇文化和旅游产业示范区框架协议》，共建黄姚古镇文化和旅游产业示范区。成立以来，黄姚产业区共引进13个文旅综合体项目，总投资超过241亿元，引入国内专业团队，整合了知名演艺团队和创作团队资源，依托黄姚大剧院打造了以百家姓文化和黄姚本土文化为主题的驻场旅游演艺《寻根黄姚》。这是继《印象刘三姐》《桂林千古情》之后，广西文旅产业增添的一张文化新名片。黄姚产业区结合当前"健康中国""全域旅游"等理念，大力发展康养旅游产业，已谋划黄姚产业区医院、黄姚蜂疗医院、东潭岭医养结合示范区等一批康养旅游产业项目。

图12 2023年首届中国（昭平）民俗美食文化节
来源：广西黄姚古镇旅游文化产业区管理委员会

图13 古镇春月又飞歌——三月三广西非遗展演
来源：广西黄姚古镇旅游文化产业区管理委员会

图14 《寻根黄姚》首演
来源：广西黄姚古镇旅游文化产业区管理委员会

3.4 技术方法创新方面

经验6：采用先进的智能化导视标识。

景区标识系统采用先进的智能化导视标识牌，是全国唯一采用热转印技术的智能导向标识，也是目前广西唯一一个现场应用的智能导向标识；标识系统设计采用岭南建筑元素等多元文化组合而成，形成与古镇风貌相融合的标识系统。

3.5 公众参与和管理方面

经验7：树立家园景区理念，调动原住居民的保护积极性。

黄姚镇树立家园景区的理念，调动古镇居民的创建积极性，实现全民参与、共建共享。实行"我居住·我保护"，出台并大力宣传《贺州市黄姚古镇保护条例》，鼓励居民参与古镇的人文、生态环境保护；实行"我建设·我经营"，规范文化旅游市场，引导居民有序地参与文化旅游经营，实现文旅扶贫，提高居民的生活品质；提倡"我参与·我享受"，挖掘古镇习俗风情，组织居民开展丰富的文化活动，强化文旅融合，实现景区、社区共荣。

经验8：政企合作，共谋古镇保护与发展。

黄姚镇成立贺州市主要领导挂帅的创建国家5A级旅游景区攻坚工作专班及办公室，有效组织各部门推进各项创建工作。政企合力，有效整合资金，充分调动人力、物力，多管齐下、多措并举，全面补齐景区短板，有效完成创建提升工作。

图15 集合了"吃住行游购娱"等信息的触摸式、互动性智能导向标识牌
来源：覃丽华 摄

图16 古镇保护与宣传
来源：广西黄姚古镇旅游文化产业区管理委员会

扫码观看视频

四川省泸州市合江县尧坝镇

示范方向： 整体保护类、人居环境改善类、活化利用类、技术方法创新类、公众参与和管理类

供稿单位： 合江县住房和城乡建设局

供稿人： 蒲江、薛敏、詹五羊、林倩、邓佑毅

专家点评　　尧坝镇采用"小规模、渐进式、可持续"的模式，以点带面实现整体的修缮改造；顺应时代新需要改进各类公共设施，促进新老镇区空间在社会维度上的和谐共生，对民居、庙宇善加利用；打造尧坝特色的农副产品体系，结合特色节日加以推广，实现文化传承与百姓获益的双赢；以"微巡查室、微调解室、微群防网、微便民站、微讲堂"的"五微工作"创新基层治理新格局；以科技赋能活化文化资源，激活古镇保护发展新动力。

图1　尧坝镇鸟瞰
来源：龙国兵 摄

1 案例概况

1.1 区位

尧坝镇位于四川省东南部、长江沿江交通线和川黔交通线交汇点，距合江县城36公里、泸州市区22公里、贵州赤水市区20公里、重庆市93公里，地处川滇黔渝四省（市）交界处，自古以来便是川黔交通要道上的重要驿站，是古江阳到夜郎国的必经之道。

1.2 资源概况

尧坝镇现存东岳庙等文物65处，其中全国重点文物保护单位6处，省级文物保护单位15处，清代、民国时期穿斗式木结构民居2000余间，历史建筑220余栋，石板古道1000米，国家级传统村落1个，省级传统村落2个；涉及非物质文化遗产60余项，《狂》《大鸿米店》等影视作品20余部在此拍摄。

1.3 价值特色

尧坝镇街巷格局、古建筑群落、"店居型"或"坊居型"民居等建筑要素的完整保存，以及穿斗式木结构与联排山墙等建造技术的运用，对研究川南地区传统建筑、村落的保护利用具有现实意义。延续至今的传统观念、民风民俗、建筑工艺，是川南黔北居民生产、生活、思想、风俗等内容的活态体现。传统商业场镇业态和原住居民的保留，为协调古镇商业化和文化保护的关系提供指导意义。

图2 尧坝留住原住居民
来源：龙国兵 摄

2 实施成效

2.1 实施组织和模式

尧坝镇采用"政府主导、学界指导、居民主体、社会参与"的模式。政府建立协调机制，编制专项规划、技术图集，制定保护、资金管理等方案，谋划古镇发展项目并监管项目实施；邀请科研院所参与项目建设，提供技术支持；鼓励居民在古镇居住、就业、创业，参与古镇日常维护；引导社会资本参与古镇保护利用、建设运营、宣传管理。

2.2 实施内容

尧坝镇实施"四增强、一提升"即"增强规划设计、基础公共服务设施配套、传统建筑保护、文化挖掘力度，提升景观风貌"的举措，采用"小规模、渐进式、可持续"的方式，编制了相关规划和技术导则，修缮与利用了东岳庙等重点历史建筑，整治了古镇整体风貌。尧坝镇完善了镇域基础、公共服务和应急设施，开展"历史文化+旅游休闲+扶贫振兴"的模式探索，建成"尧坝驿"文旅综合体。

2.3 实施成效

坚持规划引领，构建发展指引体系。尧坝镇提出建筑保护、利用等措施和方案，强化了规划、政策引领作用，采用"点线面"结合的模式，推进古镇修缮和基础设施建设；保留尧坝镇传统商业场镇的业态和人员构成，延续川黔古道上红色、民俗、影视等文化活力；创新"历史文化+旅游休闲+扶贫振兴"的模式，在实现集中异地扶贫安置的同时，打造"尧坝驿"文旅综合体。尧坝镇先后荣获"中国历史文化名镇"、国家4A级旅游景区、"中国历史文化名街""全国特色景观旅游示范名镇""中国西部影视基地"和"四川省文化先进乡镇"等荣誉称号。

图3 尧坝古镇实施效果
来源：唐五羊、龙国兵 摄

图4 尧坝镇鸟瞰图
来源：唐五羊、龙国兵 摄

3 示范经验

3.1 整体保护方面

经验1：统筹新镇、古镇关系，形成功能互补、格局相通、风貌呼应的保护发展模式。

尧坝镇统筹新镇、古镇发展关系，开展分区保护，促进新老镇区融合发展。空间肌理上，新镇区及尧坝驿项目在适应当前生产、生活需求的基础上，有效对接老镇区交通、水线、绿线，延续老镇区特色肌理；在建筑风貌、重要公共空间节点上对新镇区总体布局进行谋划，对接老镇区原有地标、公共空间的文化主题，使得新老镇区在色彩、风格、材料、尺度上做好衔接，让物质形态自然过渡、形态美学上相互协调、历史文化与社会功能上互补。

经验2：坚持"小规模、渐进式、可持续"模式，原汁原味呈现古镇传统风貌。

尧坝镇分批开展历史建筑调研测绘建档，采用"小规模、渐进式、可持续"模式，以点带面实现整体修缮改造。"点"上对沿街建筑进行保护修缮；"线"上对尧坝老街沿街风貌进行整体整治，按照"入地、入管、贴墙、捆扎"的原则整治飞线；"面"上对杂乱设施、违建和不协调建筑进行治理，避免了"拆旧建新""古镇再造"中对传统风貌的"建设性破坏"。

图5 传统风貌建筑修缮前后对比
来源：詹五羊 摄

图6 古镇街巷整治前后对比
来源：詹五羊 摄

3.2 人居环境改善方面

经验3：多措并举，完善市政基础设施和公共服务设施，全面提升人居环境质量。

尧坝镇通过迁出行政机关等重要机构，在保护古镇和腾出空间的同时，恢复古镇居住、传统商业属性，增强文化属性；投入资金近5亿元改善村镇道路、垃圾处理设施、污水处理厂以及游客中心等基础设施，提升人居环境；强化新镇区卫生医疗、教育、体育、社会福利等公共服务设施，与老镇区共建、分建社会活动空间，实现新老镇区空间场域的和谐共生。

a. 污水处理设施

b. 防雷设施

c. 口袋公园

d. 适老化设施

e. 文化展览馆

f. 长江博物馆

图7　强化市政、公共服务设施
来源：詹五羊 摄

3.3 活化利用方面

经验4：通过"四个结合"推动活化利用，留住当地居民。

尧坝镇采用"传统建筑+居民生产+文化传承+文旅服务+公共服务"的方式，活化利用传统建筑。与居民生产相结合。尧坝镇在保留场镇居民经营业态的基础上进行建筑修缮，改善居民生活、生产条件。与文化传承相结合。尧坝镇建设非遗油纸伞、匠笔画等展示场馆，增加居民创收。与文旅服务相结合。尧坝镇举办文化旅游节、采摘节、红汤羊肉节等特色文化节日活动，推动文旅发展。与公共服务相结合。尧坝镇建设长江大学堂、迷彩记忆等研学旅行基地，设立24小时城市书房、长江博物馆、合江画院等文化服务设施，拓展尧坝文化设施覆盖范围。

经验5：通过"历史文化+旅游休闲+扶贫振兴"的模式，推动古镇发展。

统筹考虑易地扶贫搬迁、乡村振兴、文化融合等内容，完善场镇社会功能和旅游业配套设施。尧坝镇完成"尧坝驿"文旅扶贫产业项目，集中安置64户261人易地扶贫搬迁；在保持古镇历史风貌的前提下，发展文旅配套产业，提高场镇承载力和旅游业潜力；引导安置点及周边群众家门口就业，鼓励进行多种形式的灵活就业，实现就业方式和收入来源多元化。

a. 黄粑制作技艺传习基地

b. 荔枝节

c. 米店变茶馆

d. 老粮店变游客服务中心

图8 闲置建筑、非遗文化活化利用
来源：詹五羊 摄

3.4 技术方法创新方面

经验6：智慧系统，为古镇安全消防赋能。

建设智慧消防系统，解决古镇修缮保护中消防基础薄弱、耐火等级较低等问题。尧坝镇累计投资1451万元，利用物联网、大数据、人工智能等技术，实现古镇商户和文物古建筑联网全覆盖，实时监控人员密集场所和火灾隐蔽角落，实现消防工作精准化、系统化；目前已设置消防监控探头69个，烟感探头247个，干粉灭火器308具，消火栓51套，20米射程以上高压细雾器8台，实现消防设施重要节点全覆盖。

a. 烟感设备

b. 消防监控指挥中心

c. 瞬态识别保护箱

e. 智能消防监控设备

d. 智能消防设备终端

f. 消防灭火器

图9 智慧消防系统
来源：合江县尧坝镇、詹五羊 摄

历史文化保护与传承示范案例（第二辑）

3.5 公众参与和管理方面

经验7："五重保障"，切实做好监督管理和服务。

一是突出规划引领，完成保护规划编制。二是注重制度完善。印发规范性制度，规范古镇保护、建设行为。三是强化监督执法。由镇人民政府、市场监管、应急等部门组建古镇综合管理联勤大队，定期开展古镇保护综合检查。四是加强人才培养。组织管护人员参加古镇保护培训，提升古镇保护管理水平。五是提升社会参与度和关注度，探索"政府+社会"联合机制，形成多元主体演绎历史文化保护与传承的"大合唱"局面。

经验8："五微工作"，创新古镇基层治理新格局。

"服务+执法"打造"微巡查室"。建立志愿服务和巡查执法阵地，开展讲解、文明引导，处置突发事件等。"服务+调解"打造"微调解室"。提供法律咨询和纠纷化解服务，构建"商铺+旅游公司"联动机制。"服务+联盟"打造"微群防网"。组织志愿者古镇保护协会，设立守望点，发动古镇商家、居民结成"驿家人"；建成"巡捕+更夫"特色巡防队，维护古镇稳定和安全。"服务+便民"打造"微便民站"。以服务景区为主，设置微警务室，实现服务群众零距离。"服务+知识"打造"微讲堂"。召集居民、旅游业从业人员等开展传统文化、旅游管理、防网络诈骗、安全生产等宣讲。

a. 微巡查

b. 微调解

c. 微便民
d. 微讲堂

图10 "五微工作"开展场景
来源：合江县尧坝镇

7 云南省保山市腾冲市和顺镇

扫码观看视频

示范方向： 整体保护类、人居环境改善类、活化利用类、公众参与和管理类

供稿单位： 腾冲市住房和城乡建设局

供稿人： 陈宏玲、周杨、马加玉、陈杰

专家 点评

和顺镇整体文化遗存保护良好，各类风格建筑并存，以适度开发实现历史文脉的保护和传承。和顺镇坚决防止"两违"建筑和破坏湿地、农田等行为，持续改善基础设施，切实提升人居环境品质和旅游服务水平；对1000多座各类建筑进行多种功能的活化利用，造就"活"着的古镇，依托特色人文和自然资源推动文旅产业综合发展；坚持"政府主导、企业运作、特色发展、全民参与、和谐共赢"的方式对古镇进行保护与开发，企业在其中发挥了较好的作用。

图1 和顺镇整体鸟瞰
来源：腾冲市投资促进局

1 案例概况

1.1 区位

和顺镇位于云南省保山市腾冲市区西部4公里处，辖区总面积17.4平方公里，有海外华侨3万多人，多为缅甸、泰国、美国、加拿大等13个国家和地区华侨，是云南著名的侨乡。

1.2 资源概况

和顺镇自然风光旖旎，四周火山环抱，中为马蹄形盆地，气候温和，雨量充沛。和顺镇有以和顺图书馆为代表的国家级文物保护单位1处，省级文物保护单位10处，保山市级文物保护单位1处，腾冲市县级文物保护单位1处，历史建筑89处；有100多所百年宅院、8座宗祠、9座寺观、7座石桥、6座洗衣亭、9座牌坊、13道闾门、24个月台等。

1.3 价值特色

长期以来，中原汉文化、边地少数民族文化、南亚及东南亚文化在和顺镇交汇融合，形成了和谐、和顺、包容的文化。这里屹立着全国藏书最多的乡村图书馆，有六百多年历史荟萃的大量诗词、牌匾、对联、著作和丰厚的文化积淀；大量古民居、人文古迹具有重要的历史、科学、文化和艺术价值；南亚风格大门、欧式窗户、英国铁艺等与"三坊一照壁、四合五天井"这样的云南古民居珠联璧合。洗衣亭、月台、花大门等古建筑在全国古镇中也独具特色。

图2 寸氏宗祠
来源：和顺镇

图3 龙潭
来源：和顺镇

2 实施成效

2.1 实施组织和模式

镇党委、政府组织编制保护规划，制定相关机制，组织协调各方参与历史文化保护传承与利用；专设和顺古镇保护管理局，负责和顺古镇的保护管理工作；辖区企业、群众积极主动参与，形成保护合力。

2.2 实施内容

以"看得见山、望得见水、记得住乡愁"为理念，和顺镇实施了一批历史环境要素修缮、环境综合整治、旅游基础设施建设等项目。修缮"青锁"山门、魁星阁、捷报桥、文昌宫等古建筑物；建成一体化污水处理站、小型垃圾中转站等公共基础设施；新建了旅游停车场、游客中心等产业配套设施。基础和配套设施建设不断推进，生活和旅游环境更加优质，古镇保护发展基础全面夯实。

2.3 实施成效

和顺镇做好古镇保护和发展工作，发展特色旅游业，和顺知名度不断提升，荣获"中国第一魅力名镇""全国环境优美镇""中国历史文化名镇""全国特色景观旅游名镇""全国首批美丽宜居小镇""中国十大最美乡村""第三批中国传统建筑文化旅游目的地""国家森林文化小镇"等荣誉称号，古镇景区通过国家5A级旅游景区景观质量评审，旅游业收入已成为和顺居民增收致富的主渠道。

图4 和顺古镇
来源：腾冲市投资促进局

　　　　　　　　　　　　　　　　　　　　　历史文化保护与传承示范案例（第二辑）

3 示范经验

3.1 整体保护方面

经验1：规划引领，严控建筑高度和风貌。

和顺镇编制实施《和顺古镇保护与发展规划》《腾冲地热火山风景名胜区和顺景区详细规划（2011—2025）》以及《云南省保山市腾冲县和顺镇水碓村保护发展规划》《云南省腾冲市和顺镇十字路村保护发展规划》《云南省腾冲市和顺镇大庄村传统村落保护发展规划》《和顺古镇（特色小镇）修建性详细规划》等专项规划。在历史文化名镇的保护和管理中认真执行各项规划要求，依法依规对建设活动进行审批，严控建筑层高与风貌，有效保护古镇风貌布局的统一性、协调性。

经验2：建章立制，全要素保护历史文化遗产。

和顺镇不断探索完善法治化保护管理办法，2021年7月实施《保山市和顺古镇保护条例》（简称《条例》），明确和顺古镇保护对象主要包括：和顺古镇传统格局、历史风貌和空间尺度，以及与其相互依存的自然景观和环境；文物保护单位、尚未核定公布为文物保护单位的不可移动文物、历史建筑；传统民居、古牌坊、古石桥、古石刻、古木刻、古月台、古洗衣亭、古树名木；与重要历史人物有关的遗址、遗迹；历史地名、历史建筑名称；以及其他需要保护的对象共6类。《条例》实施以来，全面加强《条例》的宣传和执行工作，落实《条例》实施办法，核心保护区、建设控制区、风貌协调区划分，以及维修规范、保护名录编制等工作。

图5 文昌宫修缮前后对比
来源：和顺图书馆

3.2 人居环境改善方面

经验3：加强环境综合治理，构建绿色产业体系。

和顺镇加强林木、林地、草原、湿地的源头监管，坚决遏制耕地"非农化"、基本农田"非粮化"，防止森林资源遭受毁坏流失，抓好水环境治理，守住生态保护红线。和顺镇建立健全镇、村、组干部三级联动的生态保护工作机制，落实"挂巷包户""专人巡检""林长制""河长制"等长效机制，深入开展农村人居环境提升行动，开展国家卫生乡镇创建，实施绿美乡镇、绿美乡村建设，努力在特色生态旅游、户外运动、康养休闲等领域进行探索转化，构建绿色产业体系，助推乡村振兴建设。和顺镇被评为2022年云南省"绿美乡镇"、省乡村振兴"百千万"工程示范乡镇。

3.3 活化利用方面

经验4：发挥优势特色，促进农文旅融合发展。

和顺镇立足资源禀赋，因村施策推进历史文化资源的活化利用，促进特色文旅产业发展。水碓社区以"红色村组织振兴"建设为抓手，依托和顺红色、抗战、侨乡文化资源，打造"一线、一品、一码、一廊、一院、一道"的精品红色学习体验线路；十字路社区深挖古建筑和传统文化、生态资源，打造"毓秀书院"、"双杉"生态保护故事、捷报桥等集生态、人文及故事性、教育性于一体的文旅体验线路，创建"文旅融合型"乡村振兴示范点；大庄社区依托"山水田园、生态宜居、宗祠文化"的资源禀赋，打造"藕遇香莲"体验园、手工醋坊、杨氏宗祠民俗文化和弘农国学研习馆、中医康养馆等集传统文化研习、农耕体验、康养休闲于一体的"农旅融合型"乡村振兴示范点。

图6　千手观音
来源：和顺镇

图7　野鸭湖
来源：和顺镇

3.4 公众参与和管理方面

经验5：共建共享，推动文化旅游产业转型升级。

和顺镇始终坚持"政府主导、企业运作、特色发展、全民参与、和谐共赢"的旅游文化产业发展之路，成立民居协会、老年协会、各种专业合作社等组织，实现群众和经营户共建共享。引进以比顿咖啡、麦当劳、马帮邮局为代表的实力品牌。围绕抖音、微博等形式，积极开展"趣赶集""汉风集市""遇见和顺"、视频大赛等线上线下的营销推广，主动求变，积极开拓市场，推进旅游业高质量发展。

经验6：探索"党建+传统文化"模式，以优秀传统文化凝聚发展合力。

和顺镇充分挖掘和顺镇的传统文化，发挥传统文化教化育人的功能，探索"党建+传统文化"的"九个一"模式，弘扬社会和谐发展的正能量。和顺镇以"一个组织""一个仪式""一篇家训""一场礼仪""一场评选""一个讲堂""一部乡刊""一场演出""一条长廊"，把情系桑梓的"根"文化，崇文尚教、仁教乐善的"儒"文化，沟通内外、开放兼容的"桥"文化，讲礼明仪、睦邻亲友的"和"文化，开拓进取、自强不息的"搏"文化，汇集成为推动和顺乡风文明、和谐发展的正能量，激发全镇广大群众"自强不息、开拓创新、艰苦奋斗、担当有为"的精神。同时，和顺镇较深层次地挖掘和顺镇传统文化和特色民间艺术，认真做好藤编、舞狮、洞经音乐、《阳温暾小引》等非物质文化遗产的挖掘与保护工作。

图8 专设古镇保护管理局和各行业协会
来源：和顺镇人民政府

扫码观看视频

山西省吕梁市临县碛口镇

示范方向： 整体保护类、人居环境改善类、活化利用类、技术方法创新类

供稿单位： 临县住房和城乡建设管理局、舜天规划设计集团（山西）有限公司

供稿人： 张向阳、任小明、刘晓庆、刘畅

专家点评　碛口镇尊重自然和传统，规范拆建行为；发挥政府主导作用，调动居民自觉保护意识，以保护、修复、更新相结合的理念开展风貌维护；努力提高生态资源承载力，统筹开展基础设施建设，提高生产和生活服务功能；把传统民居积极改造为旅游民宿。加强行业管理和培训，努力提高建筑工匠的收入和地位，促进传统建筑技艺传承与创新；定期邀请大学生驻扎实习，帮助开展保护工作。

图1　碛口镇鸟瞰
来源：刘畅 摄

历史文化保护与传承示范案例（第二辑）

1 案例概况

1.1 区位

碛口镇位于临县城南约50公里处，依吕梁山，襟黄河水，古为军事要冲，在明清至民国年间凭黄河水运成为北方著名的商贸重镇，享有"水旱码头小都会""九曲黄河第一镇"的美誉。

1.2 资源概况

以碛口镇为中心的碛口风景名胜区是山西黄河板块的核心景区，2012年被命名为国家级风景名胜区，并获得了"全国首批旅游文化示范地""省级地质公园"等称号，2021年12月成功申报国家4A级旅游景区。

碛口风景名胜区总面积100.44平方公里，涉及8个乡镇、56个村、10.5万人。景区内包括全国红色旅游经典景区3个、全国重点文物保护单位4处、中国历史文化名镇1个、中国历史文化名村4个、中国传统村落13个、省级文物保护单位1处、省级乡村旅游扶贫示范村12个、"黄河人家"4个。

1.3 价值特色

繁荣的商业为碛口镇留下了丰富的古商贸遗存和大规模的明清民居建筑群，完整地反映了封建社会黄河流域民间商业发展的兴衰史。积淀深厚的历史文化、奔腾不息的万里黄河、山峦起伏的黄土高原，让绮丽的自然风光和独特的人文景观在碛口镇交相辉映、相得益彰，形成了以碛口镇为中心的碛口风景名胜区。景区集中代表了黄河峡谷文化、黄土高原文化、古村镇商贸文化、地方传统民俗文化和红色革命文化。

图2 碛口镇李家山村
来源：刘畅 摄

图3 碛口镇西湾村
来源：刘畅 摄

2 实施成效

2.1 实施组织和模式

碛口镇主要采取"政府—专家—企业—村民"共同参与的模式。政府全面负责碛口风景名胜区的保护管理工作，制定和完善保护碛口风景名胜区的地方性法规和管理规章，积极争取并整合利用各类资源和项目资金；专家进行评估、分析、研究、规划，制定全面实施的方案；企业承担日常保护和修缮的责任；吸收社会力量，动员村民参与文化产业的发展和历史环境的保护。

2.2 实施内容

坚持做到规划引领，统筹抓好保护发展。碛口镇以黄河流域生态保护和高质量发展战略为契机，以碛口风景名胜区的旅游开发为载体，在交通道路、基础设施、传统建筑、生态环境、美化、绿化、亮化等配套项目上，进行了全面的保护、修缮、治理和建设；加大力度发展旅游产业和服务配套项目，组织举办乡村旅游系列活动，建设"碛口记忆"体验馆，打造实景旅游演艺项目《如梦碛口》，实施黄河沿线驿站和房车营地项目，实施碛口景区入口旅游综合服务项目；启动义居寺4A级旅游景区创建，实施污水、垃圾治理项目。

2.3 实施成效

多方联动，全面提升。碛口镇按照省委、省政府打造"黄河板块"的总体部署，县委、县政府加快推进碛口风景名胜区的整体保护开发，持续实施民居保护整治，持续推进基础设施建设，持续开展旅游宣传活动，极大提高了景区的景观效果和服务水平、提升了碛口镇的影响力和美誉度。碛口镇被公布为"2019网友最喜爱的十大古村镇"，在中国黄河旅游大会上获得"首届中国黄河旅游文化景区之星"奖。

图4 碛口镇——麒麟桥
来源：刘畅 摄

图5 "碛口记忆"体验馆
来源：刘畅 摄

图6 碛口镇麒麟山庄《如梦碛口》实景演绎剧场
来源：刘畅 摄

3 示范经验

3.1 整体保护方面

经验1：政府主导，居民参与，全面保护历史环境信息。

居敬行简，最少干预。碛口镇坚持以人为本，尊重自然、尊重传统，不搞大拆大建、拆真建假，最大限度地恢复村镇原有的生态绿植、水渠步道等历史设施，努力做到"望得见山，看得见水，记得住乡愁"。

政府主导，村民自主。碛口镇充分发挥政府主导作用，将传统村镇保护发展纳入当地经济社会发展总体规划；充分调动传统村镇内居民的自主保护和开发意识，尊重和吸收民意，尽可能地恢复传统村镇原有的历史信息，切实维护村民权益。

图7 碛口镇民居实施前后对比
来源：临县住房和城乡建设管理局、刘畅 摄

图8 碛口镇李家山民居实施前后对比
来源：临县住房和城乡建设管理局、刘畅 摄

经验2：保护优先，合理利用，整体延续古镇景观风貌。

保护优先，合理利用。碛口镇坚持保护第一，做到能保即保、应保尽保，整体保护、全面保护。碛口镇的传统建筑是以砖石窑洞类和砖木瓦房类为主的晋西民居风格，颜色以灰色为基调，在修缮过程中，保持了原始状态风貌。

碛口古镇为基岩裸露区和山间河谷区，为了防止湫水河洪水和黄河水患，在黄河和湫水河岸边建造了河堤，加高、加固码头、堤坝，提高了防洪能力，降低了水患发生的频率。为了改善生态环境，古镇背靠的卧虎山上种植了大面积的松树、柏树。

实施前

实施后

图9　碛口镇河堤和绿化实施前后对比
来源：临县住房和城乡建设管理局、刘畅 摄

3.2 人居环境改善方面

经验3：传统风貌保护与人居环境改善并重。

遵循保护、修复、更新相结合的理念开展风貌保护与提升。碛口镇在最大限度发挥现有各类设施功能的前提下，综合考虑生态资源承载力，统筹开展基础设施建设，完善公共服务设施功能，根据产业发展需要，适度建设商业、旅游等服务设施。古镇街巷、码头、西湾村、李家山村、寨则山村等道路和街巷都重新用石板或柏油铺砌，改变了原来路面由于淤积垃圾、泥土造成雨天路面泥泞难行的问题。古镇内配备了停车场、卫生间、客栈等配套设施。

图10 碛口镇东市街实施前后对比
来源：临县住房和城乡建设管理局、
刘畅 摄

图11 碛口镇西湾村道路实施前后对比
来源：陈绍亮、刘畅 摄

3.3 活化利用方面

经验4：发挥资源优势，扶持特色产业。

碛口镇结合实施传统建筑改造利用项目，充分利用黄河大旅游板块资源优势，发展规范的农林、文旅、康养、旅游新格局，积极发展休闲农业、康养农业、创意农业、农耕体验、特色餐饮、特色民宿、家庭工坊、研学旅游等特色产业项目；尤其是利用互联网、物联网等现代技术，逐步提升人文环境和旅游环境软实力，不断提高村民和集体经济收入，着力激发村镇的生机与活力。为了推进旅游业的不断发展，古镇打造了"碛口记忆"体验馆、碛口镇麒麟山庄《如梦碛口》实景演绎，重现古镇的商贸文化；水上游艇体验、"黄河画廊"参观等项目，为古镇吸引了大批游客。

图12 "碛口记忆"体验馆
来源：刘畅 摄

图13 《如梦碛口》实景剧场
来源：刘畅 摄

图14 碛口黄河画廊
来源：刘畅 摄

历史文化保护与传承示范案例（第二辑）

3.4 技术方法创新方面

经验5：传承工匠精神，为文化遗产保护发展事业储备人才。

碛口镇定期参加针对从事保护发展工作相关人员特别是基层规划建设管理人员教育培训活动，增强保护的主动性、自觉性；积极发挥建筑工匠作用，加强行业管理和教育培训，努力提高建筑工匠的收入和地位，促进优秀传统建筑技艺传承与创新；定期从全省高校邀请规划建设专业的优秀大学生，利用假期深入传统村镇驻扎实习，帮助开展保护工作，为保护和规划建设作战略人才储备。

图15　全国重点文物保护单位黑龙庙
来源：临县住房和城乡建设管理局

图16　碛口镇黑龙庙保护修缮
来源：刘畅 摄

图17　碛口镇西市街民居保护修缮
来源：刘畅 摄

图18　碛口镇西云寺保护修缮
来源：刘畅 摄

扫码观看视频

江苏省苏州市吴江区黎里镇

示范方向： 整体保护类、人居环境改善类、技术方法创新类、公众参与和管理类

供稿单位： 苏州市自然资源和规划局、苏州市吴江区黎里古镇开发保护区管理办公室

供稿人： 张恺、于莉、汤群群、郝志祥、吴振宇

专家点评　黎里镇以遗产的多时段区别保护与利用，营造江南水乡的历史画卷；开展老旧小区和基础设施改造，创新建立城管环卫联动机制，引入社会化保洁服务，打造智慧服务系统；居民全过程深度参与保护修缮工作；以创新的宣传方式让更多人了解当地文化，记住乡愁；针对古镇的狭小空间单独制订基础设施标准，创新管线埋设方式以减少施工对两侧房屋的影响，创新性地将小型消防水泵置于河道两侧，把安防设施融入滨水绿化。

图1　黎里古镇乡村鸟瞰
来源：黎里古镇开发保护区管理办公室

1 案例概况

1.1 区位

黎里镇地处"吴头越尾",位于江苏省苏州市吴江区、长三角区域的江浙沪交界处,历史上素为环太湖地区的江南水乡名镇。

1.2 资源概况

黎里镇于唐代为村,因遍种梨花,古称梨花村;宋代建罗汉讲寺,因寺成镇;明清、民国为粮食重镇。黎里镇为中国历史文化名镇,因江南水乡古镇联合申遗,列入中国世界文化遗产预备名单。

黎里镇历史镇区46.3公顷,不可移动文物85处(柳亚子旧居为全国重点文物保护单位),历史建筑3处,推荐历史建筑35处,非物质文化遗产17项。古镇两岸明清建筑遗存约9万平方米,包括明代厅堂、清代众多宅院、官宦望族祠堂、退野名士的园林等;丁字形绿色河道两侧,3800米古驳岸、绵延1500米廊棚、25条明弄、90条呈鱼骨状布局暗弄;古桥12座、河埠266座、缆船石254颗(洞穴式),历史环境要素密布,堪称江南之最。

1.3 价值特色

拥有两千多年历史的黎里镇是湖荡多样、圩田交织的鱼米之乡,是鱼骨狭长、古朴闲适的江南名镇,多进、多落、多弄堂的民居建筑融合地域特色,是柳亚子的故乡、中国吴歌发源地,反映了东太湖区域江南水乡社会文化生活的微系统。

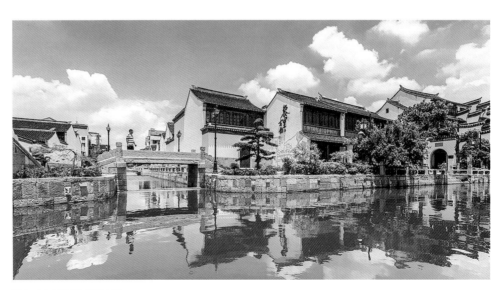

图2 "水上明珠"黎里古镇
来源:黎里古镇开发保护区管理办公室

2 实施成效

2.1 实施组织和模式

黎里镇采用"政府主导、鼓励民间资金、专家居民共同参与"的模式，2012年列入吴江区"1058"民生工程，2020年启动黎里国际生态文旅示范项目（简称"项目"），截至2023年资金总投入约10亿元。

2.2 实施内容

项目实施内容包括遗产保护修缮、风貌整治、市政管线、河街环境、重大交通、动迁安置和民生工程等。遗产保护方面，黎里镇修缮柳亚子旧居、周宫傅祠等，整治1000多米市河两侧建筑；人居环境方面，改造老旧小区，建成安置房、公交枢纽站、卫生院、停车场等；活化利用方面，深挖115条江南古弄堂等历史文化资源，引入博物馆，丰富酒店民宿。

2.3 实施成效

依托长三角一体化，黎里镇获评国家4A级旅游景区、"中国十佳村镇慢游地""长三角最佳慢生活旅游目的地""长三角最具魅力旅游特色小镇""中国最具魅力研学旅游目的地""中国最具品质文化旅游胜地'小镇美学榜样'""2021年全国千强镇"，2022年入选"中国十大纪录片推动者"荣誉名单、省级地名文化遗产名单等。

图3 黎里镇市河风貌
来源：张朝阳 摄

图4 自然基底保护
来源：张炎龙 摄

3 示范经验

3.1 整体保护方面

经验1：延续历史脉络，保护自然和文化景观。

黎里镇通过历史研究、访谈老居民，梳理历史脉络，唤醒集体记忆，保护文化景观。一是恢复廊棚段落：《黎里志》记载"本镇东西距三里半，周八里余。民居稠密，瓦屋鳞次，沿街有廊，不需雨具"。廊棚是承载当地居民集体记忆的重要场所，多方参与下，廊棚恢复实施广获好评。二是修复河道基底：梳理清代地图的圩田格局，通过可行性、必要性论证后，保护山水林田湖草自然本底；三是修复古园林景观：通过现状遗存，结合居民的记忆，修复端本园等。

图5　廊棚整体修复前后对比
来源：张恺 摄

a. 实施中

b. 实施后

图6　端本园修复前后对比
来源：张恺 摄

经验2：坚持活态传承，多时段动态展示江南水乡古镇。

江南古镇的繁荣兴盛期为明清及民国时期。从多样性、连续性来看，其他时期的建构筑物同样具有不可或缺的价值。黎里镇重视新中国成立后建设的公共建筑和工业遗产，以更宽泛的眼光予以保留及合理利用，如周宫傅祠的正厅在修缮时保留公社时期特点。

经验3：保护古镇原貌，真实展现各类遗产特点。

黎里镇遵循古建筑修复"五原"原则，尽量使用原材料、不落架，借助本地工匠，更注重原环境。例如，周宫傅祠庭院中的方砖，全部利用原来已破损的砖块，重新逐一拼合而成。"五原"中最难做到的是原环境，因此需要经常探访现场，感受原建筑在周边环境中的感觉。周宫傅祠的石龟、端本园的檐廊石基，都是在现场施工时发现并及时调整方案后，完成最终恢复工程的。

关于传统建筑技艺的问题，黎里镇的各项恢复工程均咨询了如苏州香山古建园林工程有限公司等著名的古建筑设计施工公司。但对于本地的传统建筑修缮，还应更多地借助本地工匠之手，保留更多的当地传统建筑技艺。

江南水乡古镇的风貌各有特点。目前黎里镇保护工程除了在整治建筑外，对突出的历史景观也多有实验，如在江南古镇中独树一帜的黎里弄堂，特别是在暗弄增加照明设备、突出巷弄主题的尝试等（通往菜场的暗弄以菜篮为主题作灯饰照明元素）。

图7　周宫傅祠保留的公社标语
来源：张恺 摄

图8　周宫傅祠修复和菜篮主题的暗弄
来源：张恺 摄

3.2　人居环境改善方面

经验4：实施精细治理，营造安全舒适的人居环境。

黎里镇综合考虑景观、环保、规范及工程的可操作性，全程与市政主管部门、居民密切沟通，因地制宜、以小见大地解决实际问题。黎里镇为适应街道狭窄的特点，污水支管埋设在市河常水位下；协调管线线位与规模，缩小管线间的净距；为减少施工对道路两侧房屋的影响，减少管线埋深至0.3米左右；创新性地将小型消防水泵置于河道两侧，取水便利，造型美观；现代化便民安防设施融入滨水绿化，营造了安全舒适的游览环境。

图9　施工中的基础设施
来源：张恺 摄

图10　管线埋地后舒适整洁的街巷环境
来源：孙晓东 摄

图11　黎里镇市河景观
来源：孙晓东 摄

经验5：群众需求优先，切实改善民生。

全面提升古镇宜居性、实用性。古镇安置房、老旧小区改造基本完成，人民东路、黎里老街等获评吴江区"最美街巷""最美小区""最美楼道"，推动文明典范建设。以群众需求为导向，完善基础设施，完成人民路、兴黎路改造，推进城乡生活污水处理提质增效工程，增设公交站台及首个公交枢纽"平安前哨"工作站，提升章湾荡湿地公园、金镜湖等环境品质。

优化社会管理，创新建立村社区、古镇景区与城管环卫联动机制。黎里镇打造古镇智慧管理系统，设置了景区人像识别、人流密度、游客流量、高空瞭望、高空防火、车流量监测等共计近50套功能性监控设备；结合应急广播系统全覆盖、4套自动报警柱，打造古镇景区一套较为完善的立体化监控智能安防体系；引入社会化保洁服务，切实解决民生实事。

图12 平安哨所
来源：黎里古镇开发保护区管理办公室

图13 黎里古镇美丽楼道创建
来源：黎里古镇开发保护区管理办公室

图14 黎里镇黎阳村东阳自然村
来源：黎里古镇开发保护区管理办公室

3.3 技术方法创新方面

经验6：引入数字技术，实现动态保护。

因地制宜、以小见大地解决实际问题。黎里镇建立数字化平台动态管理，通过建筑质量、产权、面积测绘的数字化调研，评估历史文化价值并加强保护传承。

经验7：激发内生动力，引导居民自发保护。

黎里镇探索发展原有粮食古镇的内生发展，现种植中草药、大米，逐步探索稻虾、稻鱼等生态种养新模式，古镇外发展新兴产业；鼓励各类民间资本参与，适度引进并培育商业服务和文旅产业，加快提质升级；引导居民对私房进行自主更新，在规划允许的条件下完善厨卫等设施，规范古镇建筑"翻改建"要求，经专业部门鉴定的危房等，可获得政府补助。

3.4 公众参与和管理方面

经验8：唤醒集体记忆，引导居民全过程深度参与。

当地居民从协助调研、收集古镇历史资料、寻访名人后代到参与方案实施，全过程、多层面地深度参与保护整治。沿河廊棚、周宫傅祠和端本园等修复汲取大量居民的意见，一定程度上实现了集体记忆的恢复。

经验9：加强日常交流，培育社区文化氛围。

黎里镇通过古镇日常活动和文化交流，如"最美商户"评选，对外立面美观度、环境整洁度、交易诚信度、管理配合度、见义勇为等指标综合评估，丰富个性化业态风貌，培育社区营造氛围。

经验10：整合民间资源，多方参与赋能古镇文化传承。

黎里镇整合社会民间资源，寻访名人后代，多方参与赋能古镇文化发展，如组织举行黎里"中秋显宝"暨青吴嘉"文化走亲"大会、名人后代参加柳亚子纪念活动；成立方志驿站、荆歌会客厅，发掘文化名片；"纪录星期六"常态化放映等，推进纪录片产业基地建设。

扫码观看视频

福建省南平市邵武市和平镇

示范方向： 人居环境改善类、活化利用类、公众参与和管理类、技术方法创新类

供稿单位： 邵武市和平镇人民政府

供稿人： 黄婷丽、柯明河、吴丹

专家点评　和平古镇以人为本，全面完善配套设施，包括"厕所革命"和"三清两化"工程等；生态优先，加强辖区流域生态环境保护，努力提升居住和旅游环境；活化利用建筑遗产，形成非遗传承馆、茶饮特色民宿、陶瓷体验等多种文旅功能；用足用好政策，整合多方资金；调动村民积极性，全面参与保护；采取"请进来、走出去"的办法，培育本土古建修缮人才，进行公司化运营；组建专职消防队伍，完善应急预案。

图1　古镇街巷鸟瞰
来源：和平镇人民政府

1 案例概况

1.1 区位

和平镇位于武夷山南麓，地处邵武市西南部，距武夷山机场、三明机场1个小时车程，距泰宁高铁站30分钟车程。

1.2 资源概况

和平镇核心保护范围面积为17.95公顷，旧称"禾坪"，至今已有四千多年历史，是一处全国罕见的城堡式大村镇，其众多的古建筑是中国迄今保留最具特色的古民居建筑群之一，是国家级的旅游资源集中地。镇内遗存完好的明清古建筑近200幢、历史街巷17条。古镇历史文化底蕴深厚，有"进士之乡"的美誉，同时拥有碎铜茶制作技艺、和平浴佛节传经、和平游浆豆腐制作工艺、坎头"摆果台"蔬果保鲜技艺、邵武枫林窑青瓷制作技艺、张三丰传说等非物质文化遗产及特色浓郁的传统习俗。

1.3 价值特色

和平镇是第二批国家级历史文化名镇之一，自然环境良好，群山环绕，风光秀丽，是全国罕见的自然田园中城堡式古镇。古镇格局保存完整，地域特征明显，颇具特色。和平镇既有明朝遗留下来的古城墙，又有古城门和谯楼；既有以"福建第一古街"和平街为代表的街巷格局，又有百余幢明清时代遗留下来的传统建筑。主街随形就势，形成"九曲十三弯"之态，宛如一条腾起欲飞的青龙；建筑雕饰内容广泛，内涵深刻，技艺精湛，而且浸染着浓重的传统文化精神，中国传统的道、佛、儒哲理也以隐喻的形式广泛地体现在雕饰中。

图2 古镇全景
来源：和平镇人民政府

图3 和平镇整体改善提升
来源：和平镇人民政府

2 实施成效

2.1 实施组织和模式

和平镇改善提升项目由邵武市组建和平古镇保护开发工作专班，明确市财政局、住房和城乡建设局、文化体育和旅游局、和平镇等相关职能部门职责，构建市镇共建、责任清晰、层次分明的组织体系，统筹协调推进古镇资产整合、文物保护、规划设计、项目建设等工作。专班本着"保持原貌、修旧如旧、特色鲜明"的原则实施保护开发，项目取得明显成效。

2.2 实施内容

保护利用方面，和平镇建成天下良商文化休闲广场、文创街区、和平区非物质文化遗产展览馆、和平书画院、枫林窑非遗展示体验馆、和平豆腐体验馆建设，以及黄氏庄仓、和平粮站、县丞署、旧市义仓、和平街157号、黄氏宗祠（睦九堂）、和平书院等文物保护单位、历史建筑的保护修缮和活化利用，实施智慧安消防项目一期工程建设。环境提升方面，和平镇完成景区及周边绿化美化、灯光夜景工程、街区立面改造、防洪堤及旅游漫步道建设，府前路、聚奎路、双桥路等道路改造，旅游基础配套设施建设等。

2.3 实施成效

和平镇的历史风貌得到较为完整的保留，各类非遗体验馆、文化特色展示馆相继建成开放，最大限度整合与宣传古镇历史文化内涵；同时以街道内基础亮化为重点，结合古镇环境进行夜游景观设计，赋予这座千年古镇新时代的活力；实施生态综合治理，有效改善旅游生态环境。

图3　和平镇整体改善提升
来源：和平镇人民政府

3 示范经验

3.1 人居环境改善方面

经验1：以"小厕所"改善大民生，加快推进人居环境建设。

和平镇以古镇原住居民生活需求为本，全面推进农村"厕所革命"和"三清两化"工程，以"小厕所"改善"大民生"，实现常住户户厕改造1116户；购买保洁服务，实现"村收集、镇转运、市处理"模式全覆盖，保障农村卫生环境，持续推进人居环境整治；同时加快综合运输服务站、大树公园、和平绿化景观工程、古镇夜景工程、和平一重山美化等工程项目建设，完善路标路牌、停车场、公共厕所等公共服务设施建设，进行聚奎路、双桥路、府前路等道路改造、管网改造，有效改善交通环境，不断完善古镇便民生活配套设施。

经验2：推进小微水体生态环境整治，构建"两溪四岸"观光慢行步道。

和平镇按照习近平总书记提出的"水量丰起来、水质好起来、风光美起来"的要求，坚持生态优先，做好"水文章"，逐步打造"水美和平"；实施建设护岸5.5公里、防洪堤6公里，有效拓宽河道行洪断面；开展河道清淤疏浚，逐步恢复溪、塘、湿地等水体自然连通，流域水量充沛。全力推进小微水体生态环境整治，加强辖区流域生态环境治理保护，建立健全"河警+河道专管员"工作机制，常态化开展联合巡查，着力解决水域治理执行难问题，水质得到明显提高。以生态护岸护坡为主，重点打造"两溪四岸"滨河景观，建设并绿化沿河旅游观光漫步道。

图4 双桥路立面及管网改造前后对比
来源：中山市景桁建筑设计有限公司、和平镇人民政府

3.2 活化利用方面

经验3：保护修缮促利用，老宅焕发新活力。

和平镇持续开展古建筑保护修缮、活化利用，先后完成和平粮站、天下良商文化休闲广场、文创街区、福兴店、和平非遗馆、和平书院改造；同时借助闽台融合发展，完成和平街157号改造，活化利用成集休闲、茶饮、住宿于一体的休闲民宿"十天茶宿"；活化利用古建筑，改造完成旧市义仓体验馆、枫林窑非遗体验馆、和平豆腐体验馆、禾枫驿站等，在延续古建风貌的同时融入现代发展理念，赋予旧宅新的功能。

图5　和平粮站修复前后对比
来源：和平镇人民政府

图6　和平街修复前后对比
来源：和平镇人民政府

经验4：挖掘延伸文化产业，打造古镇特色品牌。

　　坚持走挖掘与发扬特色古镇文化、开发与保护当地特色景观的和谐发展之路。和平镇深入挖掘黄峭文化，成立邵武黄氏峭山公后裔联谊会，通过举办文化交流活动，传承黄氏优良家训家风；结合旅游开发，塑造"和老爷"一家人形象品牌知识产权（IP），拓展了14款文创产品；开辟黄氏宗祠（睦九堂）民俗文化戏台，增设实景表演，丰富古镇旅游业态，促进古镇保护开发活化利用良性循环；设立文化产业专项资金，围绕"张三丰"太极文化，融入文化活动、体育赛事、生态养生等元素，打造太极文化小镇；发展壮大太极文化康养产业，大力发展道地中药材种植，发展特色果园观光采摘、碎铜茶采摘制作、和平豆腐制作等农事体验活动，打造古镇特色。

图7　"和老爷一家"文创产品
来源：和平镇人民政府

图8　黄氏宗祠（睦九堂）傩舞表演
来源：邵武市武阳旅游文化发展有限公司

图9　三丰故里·邵武古道越野赛
来源：厦门智搏体育文化传播有限公司

图10　县丞署审案
来源：邵武市武阳旅游文化发展有限公司

图11　福建润身中药产业科技示范园鸟瞰
来源：福建润身药业有限公司

图12　生态茶园碎铜茶开采
来源：和平镇人民政府

3.3　公众参与和管理方面

经验5：加大社会资本投入，促进共治共建共享。

　　建立"政府主导、群众主体、社会参与、合力共建"的保护开发资金筹措机制，形成政府资金、民间资金共同投入的良好局面。和平镇在加强政府投入的同时，激发古村落现有居民传承传统文化的自觉性；先后发挥邵武市武阳旅游文化发展有限公司、福建省旅游发展集团在古镇运营及管理方面的专业团队优势，全面提升和平古镇景区宣传、规划营销、包装策划、市场拓展等运营管理水平；加强与同济大学沟通协调，导入人力资源、社会资源、资本资源，帮助招商、招贤、引流，为文物保护利用工作献计献策、添砖加瓦，促进古镇资产活化利用。

图13　古街村民自营店铺
来源：邵武市武阳旅游文化发展有限公司

图14　黄氏宗亲祭祖
来源：和平镇人民政府

图15　黄福记豆铺
来源：和平镇人民政府

图16　云姨酿红曲米酒
来源：和平镇人民政府

图17　铁城义警
来源：和平镇人民政府

图18　村民参与"三清"行动现场会
来源：和平镇人民政府

3.4 技术方法创新方面

经验6：培育本土工匠队伍，发挥村民主体作用。

和平镇选派当地部分木工、泥水工到浙江东阳学习，培育本地古建筑修缮人才队伍，并引导本地施工单位成立了福建省邵武禾坪古建筑工程有限公司、福建省邵武市宏城建设工程有限公司等，逐步规范和壮大本土古建筑修缮人才队伍；在施工中，注重"修旧如旧、以存取真"，对古镇内所有文物、古建筑进行抢救性和保护性开发，对17.95公顷的核心保护范围内沿古城墙遗迹范围的199栋文物保护单位及历史建筑、17条历史街巷，根据实际情况进行分区、分时修缮。

经验7：人防技防物防结合，提高遗产防灾能力。

和平镇制作古镇应急救援及火灾疏散路线导图，完善预防、预警及应急响应机制，组织村民经常性开展古镇专项消防安全应急演练，促进文化遗产的传承与保护。

图19 和平镇黄氏大夫第
来源：邵武市武阳旅游文化发展有限公司

图20 聚奎塔
来源：邵武市武阳旅游文化发展有限公司

图21 邵武市和平古镇一级专职消防队
来源：和平镇人民政府

图22 组织村民开展消防演练
来源：和平镇人民政府

江苏省苏州市昆山市周庄镇

示范方向： 整体保护类、人居环境改善类、活化利用类

供稿单位： 昆山市周庄镇建设局

供稿人： 张华

扫码观看视频

专家点评
江南水乡名镇周庄长期坚持遗产保护与地方发展相结合的古镇保护理念，不断探索各类建筑遗产的高质量活化利用，不断创新文旅产业，维持具有较高影响力的古镇文化品牌。周庄镇通过文物保护建筑的整体修缮与公有房屋的日常维修，有序开展建筑遗产的保护完善工作；通过完善基础设施、污水处理提质、街巷道路的持续提升，实现人居环境改良；通过对文化、产业的多维度统筹，构建以文化为特色的产业生态链，实现非物质文化遗产的利用传承；在文化保护的基础上，整合自身及周边区域优质资源，借助产业优势强强联合，带动全区域的整体发展。

图1 周庄镇鸟瞰
来源：江苏水乡周庄旅游股份有限公司

1 案例概况

1.1 区位

周庄镇位于江苏省苏州市昆山市西南部，处于白蚬湖、急水港、南湖的怀抱中，四面环水，古镇依水而建，因水而生。历史镇区内4条主要河道交织构成"井"字形水网，具有典型的江南水乡特色。周庄镇在全世界享有"中国第一水乡"的美誉，是世界文化遗产预选地、首批国家5A级旅游景区。

1.2 资源概况

周庄历史镇区范围东至银子浜、箬泾河一带，南至南湖北岸，西至油车漾河、西市河，北至"贞丰泽国"牌坊、钵亭池与全功桥，总面积约24公顷。历史文化街区范围为南北市河、后港、中市河沿河两岸历史文化遗存密集地带，以及河流、街道和其两侧的重要建筑等，总面积约8.42公顷。

周庄镇现有各级文物69处，其中全国重点文物保护单位2处，分别是玉燕堂、敬业堂；省级文物保护单位2处，分别是双桥及沿河建筑、叶楚伧故居；市级文物保护单位17处，分别为朱宅、梅宅、戴宅（三处）、迷楼、澄虚道院、富安桥、迮厅、章宅、全功桥、天孝德、冯元堂、贞固堂、珑珩西楼、王宅、朱家屋、普庆桥、通秀桥。历史文化资源保护情况总体良好。

图2　全福路古牌楼
来源：江苏水乡周庄旅游股份有限公司

2 实施成效

多年来，周庄历史文化名镇资源根据各级政府、部门公布的历史文化保护资源名录不断更新、拓展，各类保护对象根据保护要求均得到妥善保护，并及时对法定保护对象进行了保护规划编制工作。周庄镇从源头保护，加快市场运营、后期监管，多个项目提质提标，"蚬江荟"邻里中心项目正式启动；环周庄古镇生态防洪提升工程三个应急段顺利完工；优化农村人居环境，"水乡美宅"达标3946户，达标率77.8%；依托阿里大文娱苏州中心（周庄数字梦工厂）项目，引进元宇宙数字产业；启动预制菜产业园项目建设，加快淘汰小印刷落后产能；"2.5+"产业园作为周庄的产业集聚区，构建"一廊两片一组团"产业空间发展格局，推动远望谷物联网产业基地、阿里大文娱苏州中心等一批重大项目快速落地、运营，打造周庄现代产业体系和经济高质量发展的主阵地；保证资金来源多渠道，自我运营、造血，旅游市场实现运转维护。

图3　西湾街夜景

图4　周庄数字梦工厂
来源：朱雄杰 摄

　　　　　　　　　　　　　　　　　　　　　　　历史文化保护与传承示范案例（第二辑）

3 示范经验

3.1 整体保护方面

经验1：探索"周庄模式"，引领保护发展。

1986年，阮仪三教授在考察周庄镇后提出了古镇保护十六字方针"保护古镇，建设新区，发展经济，开辟旅游"为指引，走出了"周庄模式"。"周庄模式"拥有一套完整的古镇整体保护规划方法。规划将古镇区与新镇区的功能区分开，使得周庄古镇的整体风貌格局得以完整保存。"周庄模式"最外化的特点是使原住居民成为周庄古镇保护的主体之一，最大限度地维持周庄原生态人居环境，保存了古镇活态的文化遗产。"周庄模式"的经济特点则是保护经费主要依靠地方政府、江苏水乡周庄旅游股份有限公司收入、镇管房屋租金和古镇保护基金解决。周庄通过旅游开发带来的收入，如江苏水乡周庄旅游股份有限公司门票收入的30%~50%，反哺古镇保护。

图5　后港街、福洪街

图6　蚬圆弄

图7　中市街

经验2：以技术创新促进遗产保护，活态传承非遗与优秀传统文化。

周庄是文化遗产丰富的江南水乡古镇，传承了古镇的古色古香，以"不改变文物原状"为基本原则，对张厅、沈厅、陈宅、迮厅等一批文物保护建筑进行修缮，保留原有建筑材料，同时通过技术创新将文物保护建筑恢复原样并更富特色；保护双桥、普庆桥和全功桥等古桥，采用原材料、按照原样式对古桥梁进行日常保养、防护加固，不得改变其传统外观，从而更好地保持原貌，防止遭受自然或人为破坏；在一些重要活动、节假日组织摇橹船、打莲厢、文化街竹编等活动，举办"吃讲茶"活动，把新时代文明实践融入到寻常百姓的日常生活中，弘扬中华优秀传统文化。

图8 沈厅松茂堂
来源：江苏水乡周庄旅游股份有限公司

图9 摇橹船
来源：江苏水乡周庄旅游股份有限公司

3.2 人居环境改善方面

经验3：建立风貌保护管控体系，一户一策落实审批流程。

结合本镇实际情况制定名镇保护规划，立足水乡古镇的整体形态控制，建立建筑梯度管控体系，控制不同类型单元的建筑高度。古镇内建筑按照原址、原风貌修缮，古镇周边建筑按照"一户一方案、一户一审批"进行翻建，外围其他乡村建筑要满足居民需求，维护粉墙黛瓦的建筑风貌，保证风貌协调统一。特定区域内的农房房型应根据周边环境、地理位置等情况，由建设局（农房）统一委托设计，按照"一户一方案"执行。涉及文物保护建筑或影响周边文物保护建筑的农房，按文物保护建筑审批流程执行，延续周庄镇的乡土风情和江南雅韵，从古镇扩展到全域，实现时间和空间的跨越，给游客、居民带来深刻而美好的水乡印象。

3.3 活化利用方面

经验4：盘活土地存量资源，打造特色文旅项目。

周庄镇立足农村"三块地"改革，盘活土地资源、整合利用闲置宅基地打造的特色旅游综合体，打造"中国优秀国际乡村旅游目的地"——周庄·香村，开创了独具江苏特色的乡村一、二、三产业融合发展的节地模式。周庄·香村按照"尊重、利他、还原、融合"的八字原则，以尊重村庄自然肌理、引导和带动村民参与、还原村庄淳朴田园风光为主线，为游客打造以渔耕文化为载体、具有鲜明民俗特色的旅游目的地，深度挖掘在地文化和自然生活方式，打造更田园、更诗意的栖居地。

图10 太湖雪
来源：江苏水乡周庄旅游股份有限公司

图11 香村书坊
来源：江苏水乡周庄旅游股份有限公司

扫码观看视频

12 福建省泉州市惠安县崇武镇

示范方向： 整体保护类、活化利用类、技术方法创新类

供稿单位： 惠安县崇武镇人民政府

供稿人： 黄炳泉、黄高山、柯清沧、黄小婷、黄旭达

**专家
点评**　闽南名镇崇武坚持以高水平规划引领崇武古城活化利用，在古城保护、古建筑维修方面，采用"微扰动、低冲击"的方式，保护传统街巷风貌，传承传统工艺，提升改善人居环境，修缮并活化利用地方古厝，植入文创、非遗、研学等功能；注重文化信仰的活态传承，举办古城文化旅游节等活动，创新文化品牌，发布古城活化利用倡议书，激发百姓的参与积极性。

图1　崇武镇鸟瞰
来源：崇武镇人民政府

1 案例概况

1.1 区位

崇武镇位于福建省泉州市惠安县东南海滨，三面环海，与台湾梧栖港仅距97海里，中国东海与南海的分界线标志碑矗立在崇武古城东南角。崇武古城是中国现存最完整的丁字形石砌古城，也是中国海防史上一个比较完整的史迹，1988年被国务院列为第三批全国重点文物保护单位。

1.2 资源概况

崇武镇拥有"中国最美八大海岸"之一的崇武海岸，以及惠安石雕、惠安女服饰、闽南民居传统建筑营造技艺3项非物质文化遗产，是国家级闽南文化生态保护区的重要组成，2012年被认定为福建省第四批历史文化名镇。崇武古城为崇武历史文化名镇的核心保护区，总面积约29.16公顷，始建于明洪武二十年（1387年），是明代万里海疆修筑的60多座卫城中至今仍保存完好的一座。古城内现有周长2567米的全国重点文物保护单位崇武古城墙和27处县级文物保护单位和普查点，有大量历史文化悠久、营造技艺独具特色的历史建筑和涉台、涉侨等传统民居。

1.3 价值特色

崇武古城保留着自明代以来"一城三山半面海，五门四街十八巷"的自然风貌和街道格局。崇武古城是一座活着的古城，约有3500名世居居民活态传承着历史。古城依山海之势而建，攻守兼备，古城墙、窝铺、月城、城门楼、烟墩、中军台、演武场以及古城内独具特色的道路系统彰显着崇武明代海防重镇的特点。迄今为止，古城的城墙、街道、民居、店铺、庙宇等建筑仍然基本完好，原有形式和格局大体保存，是崇武古城历史文化的有机组成。

图2 崇武古城城墙
来源：崇武镇人民政府

2 实施成效

2.1 实施组织和模式

崇武镇广泛凝聚社会各界智慧和共识，邀请社会各界人士代表组成群众民主监督小组，坚持以"保护为先、文化为魂、以人为本"为理念，致力通过修缮传统建筑、改造道路、整治管网、活化文旅业态、讲好古城故事等方式焕发古城活力。

2.2 实施内容

一是推动管网落地。崇武镇系统梳理古城街巷的给水排水、网络、配电、燃气等管网现状，开展试验段管网改造。二是打造旅游线路。崇武镇通过造景、民俗节庆、商街夜市、旅游演艺等方式，打造重要旅游节点，满足游客多元消费需求。三是修缮传统建筑。崇武镇利用国家级非物质文化遗产闽南传统民居营造技艺，"一户一册"推进10余栋传统建筑修缮。四是讲好古城故事。崇武镇组织开展古城讲解员招募培训，积极打造崇武古城文化品牌，开发古城文创产品。

2.3 实施成效

崇武镇积极引导和鼓励社会力量参与传统建筑保护利用，在完成修缮的古厝中植入非遗体验、文创产品销售、民宿、简餐及休闲饮品等业态，完成古城街巷石板路试验段的管网落地，实现雨污分流，提升居民群众获得感；推进南城角、南关巷、大夫第、大夫第至城隍庙通道等旅游组团的提档升级工作，打造网红打卡点；举办成人礼、文化主题展览、民俗体验、文旅研学、旅游推介等系列活动，不断提升崇武古城知名度、美誉度和影响力。

图3 崇武古城举办的部分文旅活动
来源：崇武镇人民政府

3 示范经验

3.1 整体保护方面

经验1：强化顶层设计，完善规划体系。

崇武镇以历史文化名城保护专家阮仪三教授编制的《崇武古城保护与发展规划》为主蓝图，邀请同济大学、福州大学、华东理工大学、福建省城乡规划设计研究院等团队云集惠安，优化融合水关—关帝庙片区保护与活化概念方案、闽西南集团启动区概念方案以及福州大学土木建筑设计研究院的崇武古城规划修编等，汇总形成统一规划设计思路和实施方案；进一步细化完善古城管网落地、立面整治改造、市政基础建设、景观绿化美化等一系列专项规划，加快考古勘探、考古报告审批和周边环境整治方案及影响评估报告编制等，推动方案编制落到实处，逐步形成高品质的规划体系。

经验2：保持空间肌理，传承文化信仰。

崇武古城以四街十八巷为骨架，以传统建筑为肌理，整体格局秉承军事防御城市的布局准则，道路多为丁字路口，多数道路间并不相通，强调防守和抵御来犯敌人的功能。古城居民保持着浓郁的传统信仰习俗，寺庙众多，系宋、明、清及民国时期之建筑，如佛教寺院庵堂云峰庵、海潮庵等，道家观院城隍庙、东岳庙、关帝庙等，民间信仰神庙灵安王庙、圣王公庙、五帝爷宫等，形成了三教并存的信仰氛围。古城保护性开发在解决好历史与现实的同时，也解决好保护与利用的关系，让历史建筑修旧如旧、重焕新颜，在完善使用功能的基础上，提升建筑的人文价值、经济价值，开拓一条可持续发展道路。

图4　传统建筑修缮
来源：崇武镇人民政府

3.2 活化利用方面

经验3：挖掘文化价值，打造精品线路。

崇武镇致力于通过传统建筑修缮、文旅业态活化、讲好古城故事等方式，保存古城风貌，焕发古城活力；加大文物保护、考古发掘、非遗保护、文史研究等工作力度，深入挖掘崇武古城历史文化的丰富内涵；邀请规划团队优化完善崇武古城旅游组团和主次游线规划设计，努力打造全域旅游精品线路，持续推进崇武古城保护与修缮相关工作，按照蓝图稳扎稳打地干，做到历久弥新、历久弥真，确保经得起历史检验。

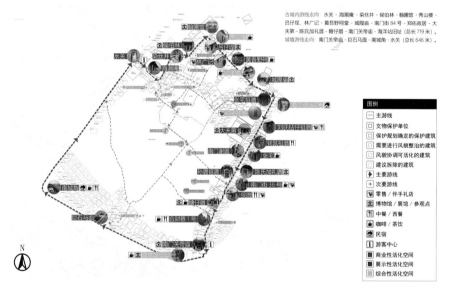

图5　崇武古城水关—关帝庙片区
来源：崇武古城活化指挥部

图6　惠聚仙汉服馆
来源：崇武镇人民政府

图7　南城角民宿
来源：崇武镇人民政府

经验4：鼓励社会资本参与，植入培育新兴业态。

崇武镇以"一城三山半面海，五门四街十八巷"自然格局为基础，构建古城九大旅游组团；深入研究业态招商和运营管理工作，积极接洽实力雄厚的旅游开发投资商，引导鼓励社会资本参与投资经营古城活化利用工程项目；发展在线内容服务，将数字消费融入饮食、购物、支付、金融等服务功能，大力发展古城民宿、夜演夜游、商街商市等新兴业态，打造一批网红打卡地；植入文创产品销售、简餐及休闲饮品等业态，丰富惠安非物质文化遗产展演、互动研学及亲子体验项目等体验式、沉浸式场景，丰富古城文化旅游景点和线路。

3.3 技术方法创新方面

经验5："微扰动"改善人居环境，传统工艺再现"古早味"。

崇武镇找准群众需求和历史文化保护的融合点，采用"微扰动、低冲击"的方式，在保护好传统街巷风貌、传承传统工艺的基础上，融入现代功能，提升改善人居环境；在古城内十余栋传统建筑修缮中运用了出砖入石、水洗石、夯土墙、泥塑等闽南传统民居营造工艺进行修复，再现"古早味"，在最大限度保障群众政策生活生产基础上推进项目实施。

图8　尘海艺术扎染
来源：崇武镇人民政府

图9　吾野茶亭
来源：崇武镇人民政府

图10　传统建筑修缮中
来源：汪洪波 摄

13 浙江省绍兴市柯桥区安昌镇

示范方向： 活化利用类、技术方法创新类、公共参与和管理类

供稿单位： 绍兴市柯桥区住房和城乡建设局、绍兴市柯桥区安昌街道办事处

供稿人： 丁涛、郭漪菲、徐利锋、童胜男、戴茜

扫码观看视频

专家点评　安昌镇在保护实践中激活闲置农房，推动活化利用，激活文化特色；立足传统，利用腊月风情节等节会活动，推广当地文化；以文化创意与历史文脉相结合，形成安昌国际光影艺术季等文化品牌，进一步丰富古镇文化形象。古镇保护管理重视公众参与，"代表茶座"是安昌街道代表联络站独有的公众参与模式，利用"茶座"这一有效载体，群众交心谈心，以茶为媒，化忧解难；制定《安昌街道古镇保护公约》，让居民从旁观者变为参与者，充分发挥基层社会组织治理能力；在加强基础消防设施布局的基础上，创新"前置执勤"模式，把消防员的职责同群众的期盼紧密结合，巩固消防安全基础，更重要的是延伸基层消防安全综合治理和服务触角，全力打通服务群众的"最后一公里"。

图1　水上社戏
来源：安昌街道办事处

1 案例概况

1.1 区位

　　安昌镇位于杭州一小时都市圈内，途经杭州中环，距离杭州湾环线高速出口仅1公里，距绍兴北高铁站10分钟车程，距杭州萧山国际机场35分钟车程。作为柯桥北大门、接轨沪杭都市圈的排头兵和桥头堡，安昌镇北接杭州萧山区，南靠柯桥城区，东邻杭甬高速公路，与沪杭都市圈紧密相联，地理位置优越，交通条件突出。

1.2 资源概况

　　安昌镇距今已有1200余年历史，现存老街开市于明弘治二年（1489年），保存有传统台门建筑53间、古桥27座、古井2处、滤水池3处、历史巷弄23条、古树1棵。其中，区（县）级文物保护点6处，历史建筑22处，非物质文化遗产19项，其核心的三里长街素有"碧水贯街千万居，彩虹跨河十七桥"之美誉。

1.3 价值特色

　　安昌镇"一河两岸"的历史空间格局保存较好，明清建筑群规模较大且工艺精美，在研究绍兴传统台门建筑的领域具有较高价值。同时，安昌镇作为绍兴北部的经济、文化和商贸中心，历史悠久、文化渊远、人文荟萃，在研究当时社会政治、经济、自然、文化，反映社会变迁、世事兴衰等方面，具有重要的历史价值。

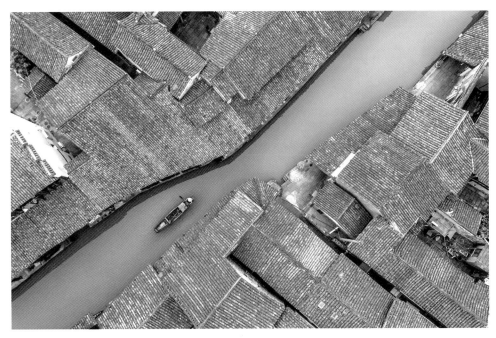

图2 "一河两岸"局部鸟瞰
来源：安昌街道办事处

2　实施成效

2.1　实施组织和模式

　　安昌镇组织构架主要依托属地街道管理，设有一个中心、两个下辖国有公司全面统筹建设管理。政府主导，群策群力。古镇充分利用政府资源，联合市场监管、消防站所、行政执法、派出所、应急管理部门、周边村居、志愿团体等主体，规范化地进行巡查监督。

2.2　实施内容

　　聚焦民生问题。对古镇基建、立面、生活污水等基础设施方面都作了适当的改造，已完成古镇生活污水治理工程、街河及两岸基建设施优化更新、古镇入口"三桥工程"修建、东街沿河立面及景观改造提升以及镇中路、环镇南路等主要道路立面整治等项目。

　　打响文旅品牌。围绕"不夜安昌""时尚安昌""人文安昌""年味安昌"四大文旅品牌，重点实施天官第酱米文创园改造、"律行慈舍"与"红尘再"等闲置农房激活再利用、"一河两岸"夜景亮化、仁昌酱园立面改造等项目，同时不断优化业态模式，推出腊月风情节、安昌有戏、汉服巡演、非遗嘉年华等主题活动，并引入星巴克、城市书房等服务设施；挂牌成立各类文化、影视创作基地。

　　推进数字化转型。完成智慧旅游和智慧安防二期工程、建设沉浸式文旅导览云平台。

图3　安昌古镇腊梅风情节
来源：谢丰泽 摄

2.3　实施成效

安昌镇厚植文化积淀、深化有机更新、提升人居环境，借助小城镇综合整治、美丽城镇样板创建等契机，大力推进"微改造、精提升"工程，不仅打开了文旅融合发展的新局面，同时也提升了古镇居民的幸福指数。古镇因此获得了国家4A级旅游景区、浙江省第二批大花园"耀眼明珠"、首批浙江省旅游风情小镇等荣誉称号。

图4　"红尘再"民宿——闲置农房活化利用
来源：安昌街道办事处

图5　"一河两岸"夜景亮化效果
来源：安昌街道办事处

图6　仁昌酱园立面改造效果
来源：安昌街道办事处

3 示范经验

3.1 活化利用方面

经验1：定期举办传统节庆活动，集中展示越地民俗风情。

安昌镇坚持挖掘和传承古镇习俗、趣味风俗，通过文化展示让安昌走出"深闺"。从2000年开始，每年1月份安昌古镇定期举行腊月风情节，依托非遗文化、结合本地特色，举办主题鲜明、内容丰富的特色活动，如水乡社戏、船上迎亲、民俗婚礼、古镇庙会、传统手工艺表演等，集中展示了越地民俗风情。同时，古镇在师爷博物馆、仁昌酱园等多处开设传承基地，联合区级非遗中心组织开展不定期活动，让绍兴水乡的非物质文化遗产代代相传。

经验2：当代艺术激活千年古镇，人间烟火展现未来之梦。

安昌古镇以文化创意催生文化业态，又借力文化业态厚植景观内涵，高位推动古镇蝶变。古镇创新推出安昌新品牌知识产权（IP）——安昌国际光影艺术季，采用当代艺术破局古镇新发展，让创意艺术热点和新旧美学相融合的方式，古老品牌知识产权（IP）相辅相成，互为映照，使得古镇既有最地道的人间烟火，也有最理想的未来之梦，进一步丰富安昌镇整体形象和旅游品牌。

图7　第二十四届安昌古镇腊月风情节暨首届安昌国际光影艺术季开幕仪式
来源：安昌街道办事处

图8　第二十四届安昌古镇腊月风情节活动现场
来源：安昌街道办事处

图9　安昌国际光影艺术季几何投影1
来源：Javier 摄

图10　安昌国际光影艺术季几何投影2
来源：杨可 摄

3.2 技术方法创新方面

经验3："微创手术"解古镇难题，实现长效精细化管理。

安昌镇生活污水治理过程中，考虑到古镇建筑密集、道路狭窄且多数为青石板铺面，施工设备进入与路面开挖存在诸多限制的现实问题，为兼顾古镇保护与生活污水治理，创新采用中国中车真空负压收集系统，由原来的传统重力方式污水收集排出改为通过负压收集、压力排出。施工过程对每一块从明清时期保存至今的青石板都作了序号标注，管网铺设完工后逐一恢复原样，实现了古镇风貌完好无损、生活污水应收尽收。同时开发全域真空智慧管理系统的排水，能实时监测真空排污设备运行状态，实现长效化、精细化管理。

a. 真空收集箱接户　　　　　b. 真空收集箱布置　　　　　c. 真空泵站

图11　真空负压收集系统的工艺设备
来源：安昌街道办事处

a. 街巷敷设真空管网　　　　b. 青石板原貌恢复　　　　　c. 老台门捅管

图12　街巷原貌恢复及老台门捅管实施图
来源：安昌街道办事处

经验4：智慧旅游为古镇"添新"，建立综合管控展示平台。

安昌镇借助省5A级旅游景区镇创建的契机，以智慧旅游和智慧安防为抓手，着力推进景区数字化转型。依托5G、人工智能、物联网、大数据等技术，结合线下的实体业务场景，古镇建成涵盖智慧服务、智慧营销、智慧管理、综合集成等多系统于一体的综合管控平台，为广大游客提供更舒适、智慧、便捷、安全的旅游体验。

图13　智慧古镇综合管控平台
来源：安昌街道办事处

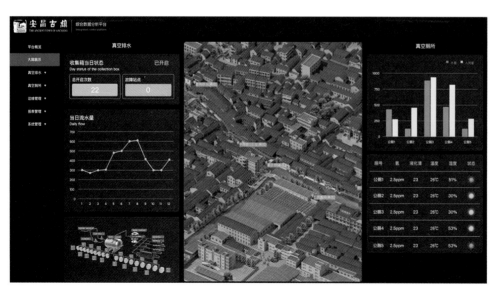

图14　"真空负压技术"智慧监测系统
来源：安昌街道办事处

3.3 公众参与和管理方面

经验5："代表茶座"聚焦百姓实事，创新基层治理模式。

"代表茶座"是安昌镇代表联络站独有的公众参与模式，以茶为媒，化忧解难。古镇利用"茶座"这一有效载体，拉近和群众的距离，切实解决修路筑桥、路灯维修等诸多古镇居民关切的事务。这一新型智能议事模式深入推进古镇基层民主实践，创新了自治、德治、法治有机融合的基层治理新模式。

经验6：传承古镇乡约文化，发挥基层自治能力。

着眼于安昌镇"守旧"与"创新"融合发展，围绕"环境卫生""疫情防控""消防安全""市场秩序"等方面，安昌镇制定了《安昌街道古镇保护公约》。该公约既传承了古镇旧时的乡约文化，接地气、达民意、通民情，又与时俱进。同时，古镇还建立了"古镇大妈"巾帼志愿服务团队，让居民从旁观者变成参与者，充分发挥基层社会组织治理能力。

图15 "代表茶座"议事
来源：安昌街道办事处

图16 "古镇大妈"巾帼志愿服务团队
来源：成全元 摄

14 福建省泉州市永春县岵山镇

示范方向： 活化利用类、公共参与和管理类

供稿单位： 岵山镇人民政府、永春县住房和城乡建设局

供稿人： 邱洪川、李雷琪、黄金仕、蔡耿艺

专家点评

岵山镇重视整体保护，通过建设历史建筑数据资料库，完成102栋历史建筑的测绘建档。邀请高校研究机构对民间传说、传统习俗等进行收集整理，形成《岵山镇非物质文化遗产普查汇编》，并编制闽南文化活态区课题研究；对接"福建传统村落建筑海峡租养平台"，完成21栋古厝、民居资料与照片录入，通过平台实现线上传统村落宣传展示、历史建筑合法租养、建筑修缮全流程跟踪、传统工匠保护传承等功能，对古村落、古建筑实行动态管理。古镇探索灵活多样的修缮组织方式，出台政策引导村级成立合作社，村民以出租古厝或宅基地等形式参与古镇保护工作，由村集体与产权人协商，确定在承租期内以修复款抵用租金，修缮完成后统一对外承租，出台引导鼓励政策。对小型涉农工程项目村级组织自行购料，聘请工匠，组织村民投工投劳，探索"工料分离"，以提高工程效率，节约工程成本，吸引本土工匠，增加群众的参与度；积极组织寻访工匠能手，成立由本地农村工匠组成的古建筑工匠协会，定期开展工艺交流活动，为古厝保护修缮夯实技术基础。

图1 岵山镇鸟瞰
来源：吴新华 摄

1 案例概况

1.1 区位

岵山镇位于永春县城南部，因位于泉三高速与国道355的接入点，成为永春县的南大门，古镇附近被莆永高速贯穿而过，形成了3小时覆盖福建省大部分经济发达地区的交通圈，是福建沿海通往内地的交通要道，是海峡西岸经济区的中西部枢纽。

1.2 资源概况

岵山镇核心区民居至今仍然保留着闽南民居"背山面水"与"私田"的格局，拥有一批建设年代从明代追溯至近代的闽南传统民居，约350多处，侨乡特色骑楼式建筑40多处，清末炮楼1处，古寨5座，古街1条，古墓1座，古井36个，古道3条，古窑3处，古寺32座，古树约2000棵；另外还有国家4A级旅游景区1个（北溪文苑），金溪河道16.5公里。其中，国家级文物保护单位1处（福兴堂），县级文物保护单位4处，登记文物24处，历史建筑102处。

1.3 价值特色

岵山镇属于县城"半小时经济圈"和以县城为中心的"三星拱月"乡镇之一，文化体育底蕴雄厚，多元人才辈出；"清水祖师"等朝圣文化丰富，"生态朝圣"品牌享誉海内外，素有"山清水秀、人杰地灵"之美誉。

图2 北溪文苑
来源：吴新华 摄

2 实施成效

2.1 实施组织和模式

岵山镇围绕"乡愁故里·幸福岵山"的发展目标，打造有特色、有历史、有文化、有内涵、有乡愁的生态宜居旅游古镇，引入第三方资本运营，实行"县合作运营公司＋镇股份制公司＋村合作社＋农户"的发展模式：通过成立福建永春岵山古镇旅游有限公司，与永春县全域旅游投资开发有限责任公司合作，引入第三方资本运营全面开展历史文化资源保护与开发，同时发展旅游产业；发动群众广泛参与，引导村集体成立旅游专业合作社，茂霞村、塘溪村先后成立美丽乡村旅游专业合作社，以合作社为依托引导村民全面参与古镇保护工作。

2.2 实施内容

岵山镇修缮改造和塘古街两侧古民居500余栋，新建仿古路灯100余个，使之与古村落整体风貌相吻合；整治金溪河流，河岸增设人行步道、亲水平台、景观拦河坝等设施，打造生态休闲观光长廊，尽显生态美；对接海峡租赁平台，线上展示古厝风采，修缮活化利用古厝25栋，打造2条串联古厝的旅游精品路线，集中展示古民俗、古技艺；健全长效保护机制，加强立项保护、规划管理；铺下村探索以"公司带动+技术能人+农户共享"的"醋村"发展模式，打造老醋古法酿酿技艺展馆，成立熟地工坊，带动当地产业发展，实现家门口致富增收，并传承延续当地传统工艺。

2.3 实施成效

岵山镇不断壮大老醋、荔枝、熟地等特色农业产业，"岵山晚荔"成功申报国家地理标志保护产品；"北溪文苑"被评为省四星级乡村旅游经营单位、国家4A级旅游景区。岵山镇先后获评5个国家级荣誉称号："第七批中国历史文化名镇""全国'一村一品'示范村镇（水果）""中国特膳食品（九制熟地）之乡""国家级农业产业强镇"，福兴堂被列入第八批全国重点文物保护单位，知名度、荣誉度不断提升。

图3 世德堂
来源：吴新华 摄

3 示范经验

3.1 活化利用方面

经验1：促进遗产功能提升，融入传统优秀文化。

岵山镇为提升古厝民居功能，引入闽台艺创团队，在专家的指导下，对建筑质量、建筑结构尚好、又有人居住的历史建筑，保留其传统风貌，在合理的范围内适当改建、改造，打造一批文化展馆；活态保持建筑原有的生活模式，引入非遗传承人，再现传统地域文化场景，让古厝焕发新的生机，弘扬和传承优秀传统文化。目前已完成活化利用的有旅游集散中心、榜舍龟馆、党员驿站、人才驿站、非遗馆、黑鸡熟地文创园、女排精神·陈亚琼故事馆、荔枝公社、岵山镇水生态研学馆等一批文化展馆。

图4 榜舍龟馆内景1
来源：李雷琪 摄

图5 榜舍龟馆内景2
来源：李雷琪 摄

图6 黑鸡熟地园
来源：颜志培 摄

图7 岵山镇非遗馆
来源：李雷琪 摄

经验2：数字化实现动态管理，非遗打造文创品牌。

岿山镇对接"福建传统村落建筑海峡租养平台"，完成21栋古厝、民居资料照片录入，通过平台实现线上传统村落的宣传展示、历史建筑合法租养、建筑修缮全流程跟踪、传统工匠保护传承等功能，对古村落、古建筑实行动态管理。2020年3月，茂霞村作为上线中国传统村落数字博物馆的第二批村落，顺利完成传统村落数字化工作，对扩大村落影响、推动村落保护发展具有重要作用。古镇还引入荔枝公社，开发荔枝蜜、荔枝豆腐花、荔枝冰淇淋、荔枝果酱、蛋糕、糖果等系列产品，打造"荔枝姐姐"文创品牌，文创业态初见端倪。

图8　荔枝公社
来源：李雷琪 摄

图9　荔枝公社
来源：李雷琪 摄

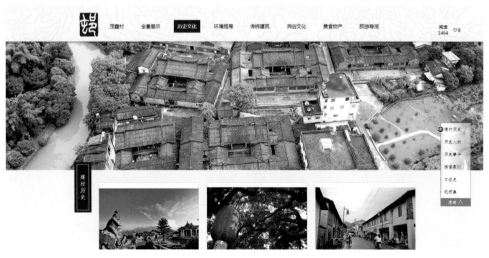

图10　中国传统村落数字博物馆展示图
来源：李雷琪 摄

3.2 公众参与和管理方面

经验3：摸清文化资源家底，编制各类保护规划。

岵山镇邀请厦门大学建筑系对镇内古厝的年代、面积、布局、建筑及构件保存完好度等方面进行了综合分析，并建立了数据资料库，于2022年完成了102栋历史建筑的测绘建档。岵山镇邀请厦门大学国学研究院对民间传说、传统习俗等进行收集整理，形成《岵山镇非物质文化遗产普查汇编》，并开展闽南文化活态区课题研究。为更好地保护好名镇名村原有的历史风貌和传统格局，永春县将岵山镇古村保护纳入永春县县城总体规划修编，委托华南理工大学、厦门大学国学研究院等单位编制古镇保护规划和4个中国传统村落保护发展规划，合理布局"房、田、林、路、街"等元素，留住闽南"乡愁"固体形态和文化脉络。2022年2月，《中国历史文化名镇福建省泉州市永春县岵山镇保护规划（2020—2035年）》已通过省政府批复。

图11 金溪河
来源：吴新华 摄

图12 和塘古街
来源：吴新华 摄

图13 和塘荔苑
来源：吴新华 摄

经验4：匠民合作促进保护修缮，资源收储促进活化利用。

　　岵山镇出台《永春县岵山镇旅游资源收储和合作方案》，引导村集体成立旅游专业合作社，村民以出租古厝或宅基地等形式参与古镇保护工作。村集体与产权人协商确定在承租期内以修复款抵用租金，一般使用期限为10~15年，修缮完成后统一对外出租，岵山镇出台引导鼓励政策，前两年免租金，委托有经验、有业务能力的商户进行经营，期满后由群众决定是否续租或自行经营。和塘西路沿街14间店铺由村集体统一投资并修缮，租赁期限12年，有望形成集农副产品销售、农家乐、休闲餐饮为一体的特色美食古街。

　　对小型涉农工程项目，村集体组织自行购料，聘请工匠，组织村民投工投劳，探索"工料分离"以提高工程效率，节约工程成本，吸引本土工匠，增加群众的参与度。岵山镇积极组织镇村力量，特别是村落长辈、离休老干部等，寻访工匠能手，在铺下村成立由本地农村工匠组成的古建筑工匠协会、固定工作室，定期开展工艺交流活动，并对外公布工匠姓名及联系方式，为古厝保护修缮夯实技术基础。迄今为止，岵山镇总计完成了65栋古厝、1条古街、1个古寨的修缮保护工作，如福茂寨、贻赞堂，运用古法建造工艺，较好地保留了原有格局及风貌特征。

图14　福茂寨改造前后对比
来源：吴新华 摄

图15　贻赞堂改造前后对比
来源：吴新华 摄

经验5：重视动态监控，加强保护管理。

　　岾山镇积极关注有关政策动态，通过纳入保护名录、挂牌立碑等方式，及时申报各级文物保护单位、历史文化名镇名村等项目，已成功申报国家级文物保护单位1处、县级文物保护单位5处、中国历史文化名镇1个、中国传统村落4个。对重要文物保护单位，岾山镇在建筑四周安装监控，配置专业消防设备，设立专门保安岗，安排巡查人员，定期填写巡查记录，实行周密保护；对镇区内的百年古树，采用卫星定位系统逐一定位并形成分布图，以保证在未来城市建设中绕开古树，努力保持岾山镇独特的园林风貌；此外，强化党建引领，由古厝住户、古街店铺、古树主或承包经营户中的党员担任古厝长、古街长、古树长，建立健全古厝、古街、古树保护管理机制，目前共设置党员"三长"80名，其中党员古厝长37名、党员古街长17名、党员古树长26名。

图16　岾山镇古厝

福建省福州市永泰县嵩口镇

示范方向： 活化利用类、公众参与和管理类

供稿单位： 嵩口镇人民政府

供稿人： 张樟松

专家点评 嵩口镇依托海峡两岸旅游策划发展古镇旅游产业，形成研学基地，研发传统手工艺品等特色旅游产品。古镇知名度显著提升，促进文化资源与市场、产业的良好结合。建筑遗产的活化利用注重新旧结合，打造"松口气客栈"等有影响力的活化利用案例。在公众参与方面创新工作机制，吸引联合团队开展陪伴式设计运营，聘请台湾"打开联合"团队作为古镇规划顾问，开展陪伴式设计运营；采用多种产权创新模式，让群众参与古镇建设；探索采用租赁、托管、补助等多种形式，让群众共同参与古镇建设，取得了既盘活资源、又调动积极性的双重功效；充分利用宗亲会参与管理建设，建立政府与理事会固定的联系制度，邀请村里素有威望的老人担任义务监督员、协调员和宣传员。

图1　嵩口镇鸟瞰

1 案例概况

1.1 区位

嵩口镇是福建第三个、福州唯一的中国历史文化名镇，全镇总面积257平方公里，户籍人口3.2万，位于福州市永泰县西南部，处四市、五县接合部，闽江下游最大支流大樟溪绕镇区而过，地理位置十分突出，在古代便是人流、物流、货流的集散地。

1.2 资源概况

嵩口镇作为历史文化名镇，主要有五个特点：①历史悠久。嵩口镇元朝置镇，明朝设巡检司，是一座拥有近千年历史的古镇。②商贸发达。自南宋始，嵩口镇每月初一、十五的赶墟习俗延续至今。③古民居众多。全镇共160多座古民居，其中镇区有60多座，多为明清建筑，建筑木雕技术精湛无比；④人才辈出。嵩口镇诞生了福州四大名人之一、南宋著名词人张元干，闽台最大农业神张圣君等。⑤文化灿烂。传播十几个国家、地区的虎尊拳发源于此，纸狮已列为非物质文化遗产，热情奔放的转鸡头文化远近闻名，拥有特有的九重粿、蛋燕等美味佳肴，石刻、遗墨等也比比皆是。

1.3 价值特色

嵩口镇的选址和布局既体现了中国古代聚落的风水观念，又反映了城镇建设的营造理念。嵩口镇明清时期的古民居建筑相对集中，百座古民居保存完好；水陆交通便利，横街、直街、米粉街、关帝庙街等街巷长达数百米，仍保留有古铺"前店后宅"的建筑形式，极具传统商业特色。

图2 滨水区实景
来源：嵩口镇人民政府

2 实施成效

2.1 实施组织和模式

为保护嵩口镇的文化遗产、城镇特色、自然景观和人文景观，根据《嵩口历史文化名镇保护规划》《嵩口镇控制性详细规划》《嵩口镇整体旅游营运业态提升计划》，嵩口镇始终坚持"尊重自然、尊重历史"的原则，采用"节点式整治、针灸式疗法、渐进式推进"的方法，实施古镇"一核五片"的旅游产业规划，实现"自然衣+传统魂+现代骨"新旧共生共存的整体效果。

2.2 实施内容

一是定项目。嵩口镇开展核心游道沿线32个节点景观项目和环境综合治理工程，包括主要五个主题：恢复"老街商铺"，整治"斜阳院巷"，提升"传统墟市"，建设"滨江景观"，打造"深山灯港"。

二是促民生。嵩口镇优化古镇服务功能，包括核心区的排水排污系统、街区绿化、街巷整治、改厕工程、环境整治、农贸市场改造、交通改造整治、古民居修复、消防设施等，不断提高古镇服务功能，居民的生活水平和质量明显提高。

三是求发展。嵩口镇启动旅游六要素试点，提升民俗博物馆为初级游客服务中心，进行农家乐、民宿示范点、伴手礼、地方手工艺品、土特产品研发等；专门组织人员对古建筑、人文历史、传统工艺、饮食文化、民俗风情、土特产品等进行调查整理，建立档案。

2.3 实施成效

近年来，嵩口镇获评"中国历史文化名镇""中国特色小镇""中国美丽宜居小镇示范镇""福建省十个重点名镇名村整治示范镇"等称号。古镇旅游初具规模，实现一期核心游道景观提升和游步道贯通，呈现"一带一景、一村一品"；吸引民宿、咖啡屋、文创概念店等特色业态落地生根，与群众互动，推动村民积极参与，切实提高村民收入。

图3　老街夜景　　　　　　　　　　　　　　　　　图4　古镇街道

3 示范经验

3.1 活化利用方面

经验1：注重"新""旧"结合，开展"针灸"改造。

古镇改造过程突出修旧如旧，按照"自然衣+传统魂+现代骨"的建设模式，注重新旧结合，充分挖掘历史文化遗产，修复、改造古建筑，开展"针灸式"节点改造。

经验2：植入新兴业态，擦亮古镇名片。

嵩口镇完成镇区古民居修缮、中山街外立面改造，打造鹤形路、松口气客栈、黎照居等"网红"打卡点，打造喜气山房、鹣来人家、"孩子的院子"研学基地等一批新兴业态；吸引演艺界明星来嵩口镇开展活动，进一步提升古镇知名度。

经验3：引入特色业态，促进资源盘活。

嵩口镇举办民俗文化节、李梅采摘节、"嵩口春宴"等活动，发展竹编、藤编、泥塑等传统手工艺品；同时，通过积极招商引资，盘活闲置资源加以活化利用，建设龙湘学堂、书法名家驿站等特色场所。

图5 藤编

图6 非物质文化遗产——伬唱

图7 嵩口镇横街民俗文化节

图8　鹤形路改造前后对比

图9　月溪花渡改造前后对比

图10　雨禾民宿改造前后对比

图11　直街改造前后对比

3.2　公众参与和管理方面

经验4：共建，探索采用租赁、托管、补助等多种形式，让群众共同参与古镇建设。

古建筑、古民居、古商铺等古迹大多属于私有财产，具有潜在经济价值，但保护开发初期难以见效。通过投入启动资金或引导社会资本参与，嵩口镇首先建设若干个看得见、摸得着的示范点，再根据产权状况和群众意愿，分别采取租赁式、托管式、补助式等共建共管机制，拓宽群众参与渠道，取得了既盘活资源、又调动积极性的双重功效。

经验5：共管，成立古民居管理理事组织、完善村规民约等，让群众自我约束、共同管理。

嵩口镇通过成立古民居管理理事总会，并按宗族、区划，下设13个分会，推选素质高、能力强的乡民或离退休干部担任分会理事长，发挥带动引领作用；建立政府与理事会固定的联系制度，对消防、卫生等重点工作实行理事长责任制，邀请村里素有威望的老人担任义务监督员、协调员和宣传员。嵩口镇制定完善村规民约、卫生公约等，增强群众共同保护古民居、参与古镇建设的意识和热情。

图12　古建筑工匠协会交流

图13　公共参与和管理

扫码观看视频

16 贵州省贵阳市花溪区青岩镇

示范方向： 活化利用类、技术方法创新类

供稿单位： 贵州省住房和城乡建设厅、贵阳市住房和城乡建设局、花溪区住房和城乡建设局

供稿人： 方跃、杨春兰、蒙菲、熊青、杨飞

专家点评　青岩古镇积极推动寺庙、祠堂、修道院、传统民居等各类建筑遗产的活化利用；依托卫所、宗教、红色文化开展文旅活动，结合非遗发展米酒、徒步等特色产业；积极探索夜间经济，实现居民就业与收入稳定增加，促进社会经济综合发展；探索青岩消防预警新模式，开展智慧防火大数据监测工作，运用大数据、物联网等技术，构建"智慧消防"系统。

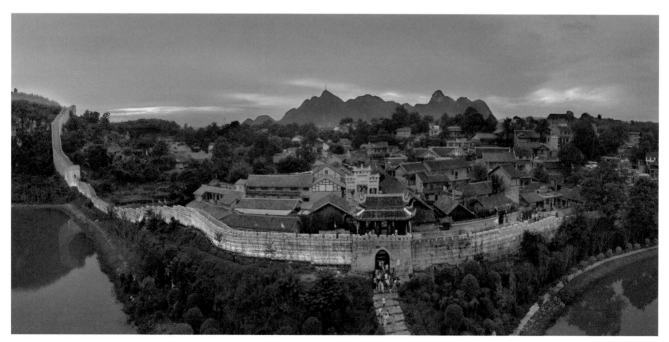

图1　青岩镇鸟瞰

1 案例概况

1.1 区位

青岩镇位于贵州省贵阳市花溪区南部，距贵阳市中心城区29公里，距花溪城区12公里，是花溪区南郊中心集散地，在贵州历史上占有极其重要的政治、经济、军事地位，有"南部要塞""筑南门户"之称。

1.2 资源概况

青岩镇始建于明洪武十一年(1378年)，至今已有六百多年历史。青岩镇景区规划总面积约5.8平方公里，街巷用石铺砌，民居也是由石砌的围墙、柜台、庭院构成。古镇布局沿袭明清格局，保存完好的朝门、腰门、瓦屋面、重檐悬山、花木门，体现了明清时期的建筑风格。青岩古镇4条正街、26条小街，巷道中遍布楼、台、亭、阁、寺、庙、宫、祠、塔、院等众多古迹。除此之外，青岩油杉保护区里有地球上仅存的青岩油杉活立木9000余株。

1.3 价值特色

青岩石牌坊是除古城垣之外最具特色、最有代表性的古建筑；历经数百年而留下的寺庙楼阁、宫院府祠等体现了青岩古建筑的集中性。经过数百年的发展，青岩镇才出现九寺、八庙、五阁、二祠、二堂、一宫、一院、一楼、一堂多种古建筑共立的宏伟局面，以及佛教、道教、天主教、基督教数教并存的独特文化现象。其中，慈云寺、文昌阁、万寿宫、赵公专祠等结构之精、气势之大，完全可媲美省内外多数寺庙祠堂。如今，桐埜书屋已焕然一新，迎祥寺香火鼎盛，显示了青岩深厚的文化底蕴。

图2　青岩镇第五立面风貌

2　实施成效

2.1　实施组织和模式

青岩镇从活态保护的角度出发，在注重遗产本身价值的基础上，主要采取"政府—企业—专家—村（居）民"共同参与的模式对古镇进行有效的保护。政府组织编制历史文化名镇的各类保护发展规划，制定相关文件等，负责项目实施过程的管理与监督。村（居）民是日常保护、修缮的第一责任人。因此政府还应组织协调解决村（居）民在修缮过程中遇到的实际困难。另外，古镇内民居的修缮整治、基础设施建设和环境风貌的整治都在政府的主导下进行。

2.2　实施内容

青岩镇利用上级补助资金、政府自筹及投资商保护资金，全面推进古镇保护工程；整体保护3公顷名镇历史风貌，对镇内的历史文化环境要素进行了全面维修和整治；维修整治4条正街、26条小街、古镇石板街道约2000米，建筑遗址环境整治约4000平方米；实现历史文化名镇核心保护范围内电力改造800户，修缮城墙约9000平方米，绿化美化闲置角边地约5000平方米，配套停车位1200个。

2.3　实施成效

青岩镇经过一系列的保护和基础设施的维护，荣获"贵州省文物保护单位""中国历史文化名镇""贵州省四大古镇""中华诗词之乡""中国最具魅力小镇""中国最美观景拍摄点"等称号，2010年被评为国家5A级旅游景区。青岩镇不断加强保护与宣传工作，同时也不断提高居民自发保护民居的积极性，使古镇的风貌保护及民居修缮整治工作良性发展推进。

图3　古镇老街
来源：耿玮 摄

图4　基督教堂
来源：耿玮 摄

图5　慈云寺

3 示范经验

3.1 活化利用方面

经验1：植入新兴业态，打造"大明志"品牌知识产权（IP）。

青岩镇依托景区独特的历史文化资源，利用保留完好的明清建筑风格，举办"魅力青岩·大明志""大明志·将军令""大明志·礼仪千秋""大明志·英雄赋""大明志·盛世大明"等系列活动，同步植入"大明志"品牌知识产权（IP）剧本杀、文创、游园会等"二消"项目，使青岩镇景区运营时间延长到夜间23:00左右，提升了景区流量，丰富了旅游产品，对青岩镇夜间消费起到了极大的提升带动作用。景区沿路有官府士兵、神算子、更夫等角色扮演，营造出"穿越"回大明盛世的视觉盛宴。

图6 舞蹈《女将出征》

图7 花溪苗族服饰制作技艺

图8 夜色青岩
来源：彭浩 摄

经验2：增设展示场所，传承古镇文化。

青岩镇历史悠久，文化底蕴深厚，文物古迹丰富，商贾云集，人文荟萃，人才辈出。古镇集传统文化、宗教文化、军事文化、革命文化于一体，具有很高的文化价值和旅游价值。古镇布局依山就势，古镇内设计精巧、工艺精湛的明清古建筑交错密布，楼阁画栋雕梁、飞角重檐相间。古镇分为东、西、南、北四条主要街道，十字纵横，九寺、八庙、五阁、二祠、二堂、一宫、一院、一楼、一堂等古建筑大部分保存完整，还有青岩书院、状元府、水星楼、名人故居、石牌坊等古迹，均为古镇文化传承与展示的重要场所，充分展现了青岩镇历史文化与宗教文化。

图9　寿佛寺

图10　龙泉寺

图11　古戏楼
来源：王济文 摄

图12　青岩堡长桌宴
来源：王济文 摄

图13　古镇节日舞龙表演
来源：王兆兴、杨舰 摄

3.2 技术方法创新方面

经验3：推进数字化平台建设，加强信息化资源管理。

2023年，花溪区依托智慧旅游平台，将青岩镇的历史文化街区、历史建筑保护范围、价值与特色、简介、历史建筑的地点和批次、建筑年代、建筑风格、实现保护对象等数据共享，让更多人充分了解这个充满历史、文化、故事的古镇。

经验4：谋划消防安全新布局，打造消防智能化平台。

为切实保障青岩镇居民及商户的用电、消防安全，结合青岩镇火灾防控工作的特点和实际，大力推进电力迁改和智慧消防项目的实施。全镇将消防安全监管和信息化技术手段结合起来，全面谋划消防安全新布局，精心打造消防智能化平台，使消防安全监管工作有序推进。自2020年底，青岩镇组织实施智慧消防项目，第一期主要为景区主游线两旁商铺安装烟雾报警器、厨房安装可燃气体泄漏报警器、智慧用电探测器等。通过这些智慧报警器，相关数据可同步传输到古镇消防队值班室及消防队手机App上，确保24小时监控全覆盖，保障古镇居民商户的用电安全，将火患化解在萌芽状态。

图14　数字化平台

图15　烟雾报警器

图16　微型消防站

图17　消防演练

17 浙江省杭州市建德市梅城镇

示范方向： 活化利用类、公众参与和管理类

供稿单位： 建德市住房和城乡建设局、梅城镇人民政府

供稿人： 符佳欣、洪国富

扫码观看视频

专家点评 　梅城镇对古建筑进行多样化利用，形成博物馆、民宿、会议活动场所等丰富业态空间；围绕钱塘江唐诗之路、严州古城的核心文化品牌，创新丰富的文旅业态与内容；积极组织公众参与地域文化挖掘，创建政企合作新模式；积极引入高水平文旅企业、院校参与古镇建设和运营，广泛参与到历史街区的美学策划与营造、梅城古镇文旅形象设计和文创品牌IP塑造、文化主题酒店、主题研学打造等建设工作中，为梅城镇历史文化保护和利用投入社会力量。

图1　梅城镇鸟瞰

1 案例概况

1.1 区位

梅城镇位于浙江省杭州市西部，钱塘江上游，新安江、兰江、富春江三江汇合处，为古严州、睦州府治所在。

1.2 资源概况

梅城镇历史悠久、底蕴深厚。三国吴黄武四年（公元225年）置建德县，唐神功元年（公元697年）睦州州治由雉山（今淳安县）迁至梅城，一直为州府、路、专署所在地。梅城镇有南宋"京畿三辅、潜龙之地"的州府文化，有"严州不守、临安必危"的军事文化，也有"千车辚辚、百帆隐隐"的商埠文化。截至目前，梅城镇域范围内有各级文物保护单位11处，历史建筑30处，其中全国重点文物保护单位1处，市级文物保护单位10处。

1.3 价值特色

梅城镇有着近1800年沧桑、多彩的历史，也有着灿烂、丰富的严州文化，同时作为钱塘江流域一座具有深厚历史文化和战略位置的府城，其独特的南、北双塔对峙，东、西两湖点睛的山水空间环境，以及州、县双治，南市北坊，十字轴线的城池格局也得以保存，被誉为"长三角唯一、全国为数不多的州府规制清晰、街巷肌理完整、历史文脉可循、历史遗存丰富的千年府城。"

图2　梅城镇夜景鸟瞰

2 实施成效

2.1 实施组织和模式

规划引领。梅城镇高标准完成《严州古城保护开发利用概念性规划与城市详细设计》等规划编制，构建"一轴一带一环六区"的古城布局，为整体性推动古城保护利用提供有力支撑。

三级联动。梅城镇建立杭州市、建德市、梅城镇三级联动的实体化运作机制，完善工作例会、联席会议、跟踪督查等制度，形成"上下同欲、敢打必胜"的良好氛围。

专家指导。梅城镇推进首席设计师、驻镇规划师、美丽城镇发展师"三师融合"机制，聘请相关领域专家指导建设，组建古建保护、绿化景观、立面整治、文化旅游等专家组，以专业的素养保障梅城古城复兴建设。

2.2 实施内容

梅城镇推进"三改一拆"整治等专项工作，累计拆除违建、危房62.4万平方米，整治环境卫生点位2528个；推进棚户区改造，完成棚改征收3600余户；推进古城墙沿线天际线整治，对145幢建筑实施降层处理；完成街路立面整治15条，实施强弱电"上改下"62公里；建成正大街、南大街等历史文化特色街区6条；沟通东、西两湖，引水入城，恢复千年玉带河；复建辑睦坊、状元坊等历史牌坊15座，修缮老建筑70余幢；利用历史建筑建成龙山书院、陆游与严州展陈馆等文化展馆及地标性建筑15处。

2.3 实施成效

近年来，梅城镇先后被评为"浙江省历史文化名镇""浙江省旅游风情小镇""浙江省诗词之乡""浙江省首批诗词文化旅游目的地"；将严州古城景区创建为国家4A级旅游景区，并列入浙江省首批未来景区改革试点、旅游业"微改造·精提升"试点；将严州古城步行街创建为浙江省高品质步行街区。2022年，严州古城游客达249万人，旅游收入3.5亿元，带动就业人数超3500人。

图3 南大街改造前后对比

图4 澄清门改造前后对比
来源：吴向平 摄

图5 正大街改造前后对比
来源：陈瑶 摄

3 示范经验

3.1 活化利用方面

经验1：城水相依筑水城，人水相亲活经济。

山环水抱拥古府。梅城镇秉持着"显山露城"的建设理念，对145栋房屋进行降层或拆除，完成强弱电"上改下"工程，优化古城"天际线"，重现山环水抱的文化遗产古城格局。

城水相依筑水城。梅城镇斥资4.4亿元开展古城水系综合治理，完成集镇污水管网全覆盖，全面贯通千年古河——玉带河，完成江家塘、宋家湖、龙山书院、范公祠等沿线文化遗产节点的打造，构建出蓝绿交织、水城共融的生态基底。

人水相亲活经济。围绕"江上、岸上、晚上、船上"，梅城镇策划夜间游览线路和水上休闲项目，构建集餐饮、住宿、购物、演艺、夜游等内容的文化产业新形态，真正将秀美山水转化为美丽经济。

图6 宋韵水上婚礼

图7 玉带河水上演艺

图8 玉带河水韵街区
来源：王春涛 摄

经验2：挖掘历史文化资源，促进文化场景再现。

构建文化定点载体。梅城镇建成陆游与严州展陈馆、大清邮局、浙江大学西迁建德办学旧址、总兵府等多个文化体验场馆，复建建德侯坊、思范坊、三元坊、里仁坊等历史牌坊18座，并结合严州文化推出旅游线路，让游客更好地品味严州、读懂严州。

主打严州宋韵展示。梅城镇利用节假日推出严州宋韵主题活动，推出宋韵开城仪式、水浒快闪、宋韵水上婚礼等沉浸式演艺，结合严州特色非遗民俗项目，形成常态化景区表演，丰富游客体验感。

营造文化商业氛围。梅城镇在原有基础上，完善文化商业氛围，引入省级老字号（方顺和烧饼）、省级非物质文化遗产（严州府菜点制作技艺）、特色手工类（建德豆腐包、香囊制作、玫瑰花糕、手工馄饨）、文创类（儿时文创）等文化商业体，促进文化与商业的有机融合。

图9　《鱼灯欢舞》表演
来源：杨荣良 摄

图10　省级非物质文化遗产——严州虾灯表演

图11　严州宋韵开城仪式

图12　非物质文化遗产——舞龙表演
来源：王春涛 摄

经验3：旧业态改进促提升，新业态招引注活力。

一方面，倒逼旧业态提升。采用引导改进和回租招引两种形式，梅城镇促成不符合旅游商贸的老旧业态主动提升，用2个月的时间完成街区全部老旧业态的调整。

另一方面，强化新业态招商引资。引入漫珊瑚、望山梅、澜清拾光、水浒主题等精品酒店民宿，增加客房600余间，引入严州三十一道、严州府状元楼、聚友酒楼等餐饮业态，形成东门美食街和美食广场，新建宋代瓦肆街区，引入星巴克、海底捞等知名餐饮品牌，继续为古城植入新的活力。

图13　街头演艺

图14　玉带河摇橹船

图15　严州老街夜景

3.2 公众参与和管理方面

经验4：市民共绘古城地图，公众参与规划设计。

梅城镇以巨型地图为载体，通过公众广泛参与的形式，把承载严州古城地域文化的碎片信息和片段记忆，进行系统的挖掘和整理，从而为严州古城的修复和开发提供决策依据。每一名参与的市民都会领到一张问卷调查表，如果有关于地图上某一地理位置的古城记忆，就可以在表格里填上相应内容，并在相应地理位置上作出标注。这张标注好的巨型地图，将成为未来梅城修复和开发的指导图以及编制梅城镇规划的基础。

经验5：建立街巷长运行机制，倡导古镇共治共享。

梅城镇建立并不断完善街道（弄）长运行机制，在镇干部担任街长的基础上，依托党员、群众的力量，招募民间街长20名，定期开展检查评比、学习培训活动，引导群众积极参与古城保护，倡导共治共享，推动街区管理常态化、长效化。同时，梅城镇整合城管、交警、市场监管、文化旅游等部门力量，强化古城日常执法管理，确保安全有序。

经验6：企业参与景区运营，塑造古镇文化品牌知识产权IP。

梅城镇积极引入浙江省文化产业投资集团有限公司、杭州运河集团投资发展有限公司、浙江大学控股集团有限公司、建德市新安旅游投资有限公司等多家企业参与梅城镇严州古城景区的建设和运营过程，广泛开展景区运营管理合作、文化领域全产业链合作，重点打造影视产业、文旅休闲产业和文化衍生产业合作，广泛参与历史街区美学策划与营造、梅城古镇文旅形象设计和文创品牌知识产权（IP）塑造、文化主题酒店、主题研学打造等建设工作中，为梅城镇历史文化保护和利用投入社会力量。

图16　巨型古城地图标注现场

图17　街区共享共治现场

图18　群众参与街区管理

18 广东省梅州市梅县区松口镇

示范方向： 整体保护类、公共参与和管理类

供稿单位： 梅州市梅县区松口镇人民政府

供稿人： 卢瑜淦、陈瑜

扫码观看视频

专家点评

松口镇坚持严管严控古镇整体风貌，引导群众修旧如故，禁止在核心区拆建及乱搭建等行为；及时清理古镇沿江卫生死角、陈旧垃圾及低矮灌木丛，整治沿河污水管道乱排乱放行为，营造古镇良好卫生环境；停止河道采砂行为，在古街沿河段设置禁采区，保护河床及沿江生态；积极谋划项目，以成熟的项目来争取上级各类资金用于古镇整体保护与提升；通过将不同项目串珠成链的形式，加强对区域内传统风貌建筑、传统要素、非物质文化遗产的保护，实现古镇整体保护的目的。古镇积极争取资金，完善基础设施；对核心保护范围内古建筑群实施危房除险加固、整体修缮改造和风貌提升等工程，通过"微改造"、添加设施等方式适应现代商住需求，提高建筑利用率，丰富业态；引导乡贤支持，反哺乡镇发展，使乡贤成为松口镇保护过程中不可或缺的重要力量。

图1 松口镇鸟瞰
来源：汤伟青 摄

1 案例概况

1.1 区位

松口镇地处广东省梅州市梅县区东北部，梅江河下游，离梅州市区约50公里，梅坎铁路、省道S223线、S332线及梅县区白渡镇至大埔三河坝国防公路经过该镇，是周边乡镇商贸的重要集散地。全镇辖41个村委会、5个居委会，2022年末户籍总人口约6.3万人，总面积328.6平方公里。

1.2 资源概况

松口镇是中国历史文化名镇，享有"文化之乡、华侨之乡、山歌之乡"的美誉，久负"自古松口不认州"盛名。松口镇拥有8个中国传统村落，6处省级文物保护单位，3处市级文物保护单位，1处县级文物保护单位，19处不可移动文物，5处梅州市历史建筑，以及位于历史文化名镇核心保护区约800处具有突出客家特色、明清风格与南洋风情融合的商住建筑，总建筑面积约27.1万平方米。

1.3 价值特色

松口镇历史文化价值与特色具体体现为：

明清至民国时期的商铺和住宅建筑数量众多、保存完好，具有突出的岭南水乡建筑艺术、建造工艺价值；

古街店铺依江而建，山环水绕中形成特有的古镇水城风貌，具有岭南水乡城镇独特的空间和景观美学价值；

多元文化交相辉映，具有丰富的人文历史和民间传统，如以鱼巷口、世德新街为代表的明代商贸文化；以火船码头、梅东桥、中国移民纪念广场为代表的客家侨乡经济多元文化；以中山公园、公裕源米店为代表的近代革命文化，以及包括民间习俗、民间戏曲、民间手工艺等非物质文化遗产。

图2 松口镇河景
来源：宋志锋 摄

2 实施成效

2.1 实施组织和模式

自2014年松口镇被公布为国家级历史文化名镇以来，省、市、区高度重视松口镇的保护和开发，加快松口镇文化旅游产业发展，形成"政府主导+社会力量参与"的保护发展模式。

2.2 实施内容

完善基础设施，提升服务能力。松口镇实施道路提升工程、农贸市场升级改造等项目，改善群众生活环境，提高松口服务水平。加强古街风貌管控，保持古镇历史风貌特色。松口镇通过整治乱搭建和占道经营行为，恢复古街传统风貌，加强管控，实行网格化管理，严防新增乱搭建行为，保护古街历史风貌。打造景观节点，打响松口旅游招牌。松口镇重点打造代表近代革命文化的松口中山公园、代表客家侨乡文化的中国移民纪念广场和代表商贸文化的松江大酒店、火船码头等景观节点，以节点带动古镇发展，点亮松口镇旅游特色。

2.3 实施成效

松口镇被评为中国历史文化名镇后，还获评"中国华侨国际文化交流基地""广东十大海上丝绸之路文化地理坐标""2018最受网民喜爱的广东十大古村镇"、广东省级"一村一品、一镇一业"专业镇等称号，举办了"中国乡村复兴论坛·梅县峰会"、首届"中国农民丰收节"梅州分会场等重要活动，知名度不断提升，游客不断增加，带动了松口镇旅游业的发展。

图3 元魁塔下对山歌
来源：宋志锋 摄

3 示范经验

3.1 整体保护方面

经验1：规划先行坚持保护管控，加强管理保障风貌环境整治。

为适应时代发展，松口镇以原有的《梅州市梅县区松口镇历史文化名镇保护规划（2013—2030年）》为基础，筹划编制《中国历史文化名镇梅县区松口镇保护规划（2021—2035）》（简称《规划》），系统保护镇域内各类历史文化资源。按照《规划》的要求，在历史文化名镇核心保护区严格管控建设行为，引导群众修旧如旧，禁止在核心保护区拆建及乱搭建等行为，保持古镇整体风貌协调一致；对古镇沿江地带进行整治，及时清理沿江卫生死角、陈旧垃圾及低矮灌木丛，整治沿河污水管道乱排乱放行为，营造古镇良好卫生环境；停止河道采砂行为，在古街沿河段设置禁采区，保护河床及沿江生态。目前核心保护区的古镇格局和街道肌理较好地延续了历史原貌，仍保存连片约800处明清和民国时期的商住建筑。

图4 中国移民纪念广场
来源：松口镇人民政府

图5 火船码头与松江大酒店
来源：汤伟青 摄

图6 外婆家·仁寿庄围龙屋
来源：松口镇人民政府

图7 丘哲故居
来源：宋志锋 摄

经验2：加强项目谋划，带动古镇发展。

松口镇积极谋划项目，以成熟的项目来争取上级各类资金用于古镇保护。松口镇通过东部快线建设、圩镇道路黑底化提升、寺坑大道改造，提升古镇内外交通；通过渔港码头建设、传统村落集中连片保护利用示范项目，完善旅游配套基础设施，保护古镇传统风貌建筑；通过谋划乡村振兴示范带建设、中央专项彩票公益基金支持欠发达革命老区乡村振兴、梅县区梅江水经济建设等项目，进一步盘活古镇苏区红色资源、客家侨乡文化资源；通过将不同项目"串珠成链"的形式，加强对区域内传统风貌建筑、传统要素、非物质文化遗产的保护，达到古镇整体保护的目的。

经验3：搭建文化交流平台，助推古镇振兴发展。

松口镇是明末以后客家人下南洋的第一站，现有旅居海外三十多个国家的华侨和港澳台同胞8万多人，拥有联合国教科文组织设立的中国唯一的移民纪念广场，是客家侨乡文化的传承地之一。为激活丰富的客家侨乡资源，传承客家侨乡文化，松口镇积极开展张榕轩故居、爱春楼等名人故居的保护修缮工作；制作《千年古镇侨意浓》宣传片，积极参与客商大会，加强与客家侨乡情感联系，促进海内外的文化交流；举办中国乡村复兴论坛、首届农民丰收节等重要活动，提升松口镇知名度；积极谋划中国移民纪念广场建成十周年纪念活动，进一步提升松口镇影响力。

图8 松口中山公园
来源：宋志锋 摄

3.2 公众参与和管理方面

经验4：鼓励引导"乡贤+"模式，创新公众参与模式。

借助乡贤的力量建设古镇。松口镇积极通过"乡贤+"的模式，不断凝聚乡贤力量，鼓励和引导乡贤支持和反哺古镇发展，探索乡贤开办"外婆家·仁寿庄围龙屋民宿"等公众参与新模式。借助志愿活动让更多群众参与古镇的保护开发。松口镇除了日常组织志愿者参加古镇保护宣传活动、古街清扫活动外，还有极具松口镇特色的扫潮泥志愿活动。松口镇作为临江古镇，经常面临洪水浸街的威胁。每当洪水退去之后，志愿者都会和镇村干部一起清理潮泥，红色的志愿者马甲是古街中一道亮丽的风景线。

经验5：搭建多维度管理体系，筑牢古镇保护基础防线。

建立联动机制，做好古镇保护常态化。松口镇历史文化资源丰富，保护工作范围广、责任重、难度大，我们通过建立镇政府、镇规划办、驻村工作组、居委会多层次的工作沟通机制，加强各层级的沟通联系，对松口镇进行全方位保护巡查。推行居委会包街制，落实网格化责任。松口镇区由5个居委会组成，每一条街道的管护都细化到每个居委会，管辖范围明确，责任落实到每一位居委会干部，搭建起古镇保护的最基础防线。

图9　外婆家·仁寿庄围龙屋
来源：松口镇人民政府

图10　中国移民纪念广场活动现场
来源：汤伟青 摄

第三章

历史文化名村类
示范案例

北京市门头沟区斋堂镇爨底下村

示范方向： 整体保护类、活化利用类、技术方法创新类、公众参与和管理类

供稿单位： 北京市规划和自然资源委员会门头沟分局、斋堂镇人民政府、北京清华同衡规划设计研究院有限公司

供稿人： 吴岚、张刚、张鑫、王清舒、李君洁

专家点评

爨底下村采取政府、企业、专家、村民共商共建的模式，坚持传统建筑、街巷、环境要素的整体性保护，不断提升环境和基础设施水平，实现了文物保护好、人居环境优、旅游发展势头强的有机融合。爨底下村通过以"爨舍民居"为代表的门头沟小院改造利用，打造历史名村文化旅游产业；对每座院落提出一户一案的修缮方案，运用传统工艺材料，还原古建筑风貌；创新设置微型消防站、小型消防车等设施，满足山地古村落房屋的消防需求。

图1 爨底下村全景
来源：北京爨柏景区管理中心

1 案例概况

1.1 区位

爨底下村位于京西明代军事隘口"爨里安口"下方，故而得名。村落四面群山环抱，山势奇异优美，建筑依山而建、阶梯式分布，整体布局形如葫芦，又似元宝，建村者意在取"福禄""金银"之意，为古村环境赋予吉利的寓意。

1.2 资源概况

爨底下村始建于明朝永乐年间（1403~1424年），距今已有五百多年的历史，为住房和城乡建设部和国家文物局第一批公布的中国历史文化名村之一。村内历史街巷完整，历史遗存丰富，古建筑群为全国重点文物保护单位，有74处明清四合院民居、230栋文物建筑，建议历史建筑、传统风貌建筑等百余处，包括关帝庙、娘娘庙、五道庙等；另有保存完好的大型护坡墙、古井、古树、石碾、标语、文人画等历史环境要素，转灯游庙、祭龙神、歇秋祭天、祈雨、转娘娘驾、报庙等非物质文化遗产也得到了良好的保护与传承。

1.3 价值特色

爨底下村作为京西古驿道上的文化明珠，包含了源于关隘的军屯历史文化、依托古道的商旅文化、植根斋堂川的民俗文化、"抗战模范村"的红色文化等丰富的文化资源，典型的传统村落选址、独具特色的村落布局、结构清晰的街巷肌理、明清山地合院建筑技艺等均具有珍贵的科学艺术价值。

图2 传统民居建筑
来源：北京清华同衡规划设计研究院有限公司

图3 街巷环境景观
来源：北京清华同衡规划设计研究院有限公司

2 实施成效

2.1 实施组织和模式

爨底下村的保护利用采取政府、企业、专家、村民共商共建的模式。政府组织相关保护规划编制、相关政策制定及项目和资金申报；企业承担景区日常保护、修缮的责任；专家为探索村庄发展模式研究及古建筑修缮工程提供技术支持；村民全参与，村集体公推党员代表和村民代表，在村规民约的指导下，积极引导村民参与保护工作。

2.2 实施内容

爨底下村主要的保护工作包括以传统建筑、传统街巷及历史环境要素为主的修缮，以及环境和基础设施的提升。村庄严格管控建设活动，文物建筑由专业团队按照传统材料和工艺定期修缮；完整保留传统街巷体系，按传统材料做法对老旧破损的传统路面进行修复，由毛石或本地青、紫石板铺设；启动爨底下村非遗传习馆装修提升、历史环境要素保护与主街环境品质提升项目，累计投入中央资金100万元；给水、排水、消防、环卫、安全等设施已覆盖全村，配套了1处旅游咨询站、5个游客停车场，完善了景区标识和景观系统。

图4 保存的古院落
来源：北京建筑大学

图5 保存的古城墙
来源：北京清华同衡规划设计研究院有限公司

图6 保存的古石磨
来源：北京清华同衡规划设计研究院有限公司

图7 保存的标语
来源：北京爨柏景区管理中心

2.3　实施成效

　　经过四年多的建设实施，爨底下村已初步完成了文物修缮、传统建筑风貌协调、传统街巷路面修复、历史环境要素修复、公共服务与基础设施提升等保护与利用工作，成为文物保护好、人居环境优、旅游产业火的历史文化名村。

图8　石材铺地登山步道
来源：北京清华同衡规划设计研究
院有限公司

图9　青、紫石板铺地的巷道
来源：北京清华同衡规划设计研
究院有限公司

图10　游览标识
来源：北京建筑大学

图11　民宿门前景观小品
来源：北京清华同衡规划设计研究院有限公司

3 示范经验

3.1 整体保护方面

经验1：严格执行保护规划要求，始终坚持整体保护。

结合《爨底下村古建筑群文物保护规划》及《北京市门头沟区斋堂镇爨底下村传统村落保护发展规划》的编制，划定爨底下村保护范围，确定整体保护原则。

经验2：结合现状及资金等实际情况，实施分类、分批专项保护。

结合各类保护对象现状、实际可用资金来源等因素，进行分批、分类专项保护。2017年，爨底下村对风貌不协调的建筑进行风貌整治；2016年初至2019年5月，按传统材料做法对村内的传统街巷进行路面修复，运用毛石或本地青、紫石板修补老旧破损的路面；2019年，完成了村内现存文物建筑的修缮工程。

经验3：重视古村落防灾安全，创新实施分区消防工程配建。

爨底下村在全村范围设置消防分区，加强统筹管理，有条件区域内新建消防给水系统，狭小空间配备消火栓、消防卷盘、灭火器等，创新设置微型消防站、小型消防车等设施，满足山地古村落房屋的消防要求。

图12 爨底下古建筑群
来源：北京清华同衡规划设计研究院有限公司

　　　　　　　　　　　　　　　　　　　　　历史文化保护与传承示范案例（第二辑）

3.2 活化利用方面

经验4：开展传统建筑再利用，打造京西古村文旅品牌知识产权（IP）。

爨底下村在保护的基础上对村内闲置建筑适当开展活化利用，村集体将集体产权建筑改造为村委会办公室、卫生室、村史及民俗展室等。村民利用自家院落开发民宿、餐厅、文创商店等。其中以爨舍民居为代表的门头沟小院已实现年游客接待量超5000人次，年利润超百万元；山旅驿站文创商店已有58种以爨底下品牌知识产权（IP）独立开发的纪念品。

经验5：重视非遗文化传承，丰富民俗体验活动。

爨底下村的民俗文化丰富多彩。清明时节祭祖、打秋千、拜关帝、祭龙王、晒龙王、转娘娘驾、唱蹦蹦戏、耍中幡等非物质文化遗产活动在节假日得到恢复。每逢农闲时节，为活跃村民的文化生活，在"小院有戏"舞台上演多种地方特色戏曲和说书表演。

图13　爨底下村史展览馆
来源：北京清华同衡规划设计研究院有限公司

图14　民居改建餐馆
来源：北京清华同衡规划设计研究院有限公司

图15　民俗表演活动
来源：北京灵柏景区管理中心

图16　爨底下村"小院有戏"演出
来源：北京市门头沟区文化和旅游局

3.3 技术方法创新方面

经验6：坚持一户一案，村民参与订制修缮方案。

爨底下村坚持结合实际、特色发展的原则，通过细致的入户勘查，对每座院落提出一户一案的修缮方案，并提前进行设计方案公示，广泛征求村民意见，全力动员村民参与，并签署《爨底下村古建筑群保护修缮施工协议书》，保障村民合法权益。

经验7：运用传统工艺材料，还原古建筑风貌。

历经两年时间，爨底下村通过调研民居建筑现状，详细了解民居的建筑年代，邀请多位国家文物局专家库成员组成专家组，经过多轮论证制定村落古建筑群修缮方案，运用传统修缮工艺还原古建筑风貌。

图17　民居入户现场调研
来源：北京清华同衡规划设计研究院有限公司

图18　古建筑修缮工程现场
来源：北京市门头沟区文化和旅游局

图19　古建筑局部细节
来源：北京清华同衡规划设计研究院有限公司

3.4 公众参与和管理方面

经验8：创新工作机制，成立北京首家"乡村振兴实验室"。

爨底下村建立由北京市规划和自然资源委门头沟分局、门头沟区农业农村局、门头沟区文化和旅游局等相关部门参与的传统村落保护发展联席会议制度，会同北京建筑大学联合成立北京市首家"乡村振兴实验室"，围绕传统村落保护开展系统性、实践性、创新性科学研究。

经验9：强化旅游资源整合，建立景区管理体系。

爨底下村与周边区域合力共建爨柏景区，整合旅游资源，实现协同发展。爨柏景区囊括了双石头村、柏峪村及黄岭西村，形成北京保存最完整的原始村落群。

经验10：鼓励村民自主发展，扶持文旅产业发展。

爨底下村大力扶持村民改造自家院落进行创业，现已开办农家乐、特色餐厅、文创商店、咖啡厅等设施，增加了村民收入，强化了旅游品牌。其中典型成功案例包括爨舍系列民宿、四合客栈、爨灶社餐馆、山旅驿站文创商店等。

图20　爨舍系列民宿
来源：北京建筑大学

图21　爨舍
来源：北京建筑大学

图22　四合客栈
来源：北京清华同衡规划设计研究院有限公司

图23　爨灶社餐馆
来源：北京建筑大学

扫码观看视频

22 安徽省池州市贵池区棠溪镇石门高村

示范方向： 整体保护类、人居环境改善类、技术方法创新类、公众参与和管理类

供稿单位： 池州市住房和城乡建设局

供稿人： 柯芳春、高俊

专家点评　石门高村采取"政府—企业—专家—村民"共同参与的模式，协同推进保护传承项目实施。石门高村通过开辟新村用地，有效解决村民建房与村庄保护的矛盾；通过整合古民居产权，有效推进了保护利用；通过修复古巷道、完善给水排水设施、整理房前屋后空间，极大改善人居环境；通过在屋面小青瓦之下增设SBS防水层，提升古民居防水能力；通过制定专门的保护管理办法以及古民居维修"三方联系"制度，提高了管理和监督水平。

图1　古村落航拍全景（上北下南）
来源：刘搏　摄

1 案例概况

1.1 区位

石门高村坐落在安徽省池州市贵池区南部山区，距池州市区57公里，地处贵池区、石台县、青阳县、九华山风景区交界处，是历史上九华山朝圣古道和池州通往古徽州的重要节点。

1.2 资源概况

石门高村有以高氏宗祠为代表的明清古建筑33幢、传统风貌建筑100多幢、古街巷11条、古石坝约2000米、古石板道9条约2500米、古水系3条、古月塘2口、古建筑遗址约10000平方米，唐代摩崖石刻2处，明代古徽道约3500米，古河道约2000米，古墓葬3座；其中，省级文物保护单位2处，市级文物保护单位2处、历史建筑9处、潜在历史建筑10处。

1.3 价值特色

石门高村历史悠久，文化底蕴丰富。村落呈北斗状布局，坐落在山间盆地，有"老山水系"和"黄梅水系"双溪合抱，古石坝、古徽道等穿插其中，"石门夜月""双溪垂钓"等"古八景"保存完整，对研究皖南古村落发展具有重要价值。

唐天宝八年（749年），李白应邀到访石门高村并携友联诗《改九子山为九华山联句》；乾元二年（759年），李白流放四川夜郎写下《忆秋浦桃花坞旧游，时窜夜郎》，其后高霁在村口刻"桃花坞"石刻记之，现为市级文物保护单位。

唐会昌六年（846年），高氏族人刻"魁"字摩崖石刻，以示"魁星高照"，激励族人读书为业，现为市级文物保护单位。

图2　晨曦中的石门高村
来源：柯芳春 摄

2 实施成效

2.1 实施组织和模式

石门高村主要采取"政府—企业—专家—村民"共同参与模式，协同推进保护传承项目实施。政府组织编制各类规划，制定政策文件，主持编制项目实施方案，组织协调解决村民实际困难；企业负责日常保护、修缮；专家对口帮扶名村保护，参与维修方案编制、施工指导；公推党员代表和村民代表，在村规民约的指导下，积极配合公益事业，做好村民的宣传引导工作。

2.2 实施内容

石门高村整体保护23.4公顷名村历史风貌，维修整治7条古石板道约1000米、古石坝约220米、古水系约600米，建筑遗址环境整治约2400平方米；实施历史文化名村核心保护范围内强弱电杆线下地，整治不协调建筑12处约1600平方米，绿化美化闲置角边地约3000平方米，清理境内陈年垃圾杂物约130吨。

2.3 实施成效

石门高村建成国家3A级旅游景区，传统手工业产品和高山有机农产品销售兴旺，村民收入相比5年前增加了30%以上。石门高村获得"中国历史文化名村""中国传统村落""安徽省千年古村落""安徽省文明村""'最江南'长三角乡村文化传承创新典型村落""安徽省乡村旅游'精品主题村'""安徽省特色景观旅游名村"等称号。

图3 石门高村公共空间——水塘

3 示范经验

3.1 整体保护方面

经验1：整合古民居产权，统一保护利用。

石门高村内有很多古民居为农户土地改革时取得，多户共有，多户共同居住，内隔有粮仓、厨房、鸡舍，且每户仅五六十平方米，环境差。但由于农户意见不统一，古民居一直无法整体维修。棠溪镇"石门高古村落保护管理小组"了解到村民想法，推行"整合古民居产权，统一保护利用"的做法，受到古民居户的理解和支持。项目由村委会筹集资金，置换产权，镇政府统一协调每户村民建房地基。

经验2：统筹建设用地指标，解决村民建房与村庄保护的矛盾。

石门高村通过县域统筹解决建设用地指标，在村外约800米处落实10亩（约6667平方米）建设用地，用于解决古民居保护与新建房屋的矛盾，对列入保护对象且符合一户一宅的古民居户可以申请村外建房。

图4　古民居"实业厅"产权整合修缮前后对比

图5　石门高村自然环境

经验3：培育旅游产业，"以村养村"保护传统建筑。

石门高村引进本地热衷古建筑保护的旅游企业，国内自然人文资源和企业合作，共同开发石门高乡村旅游，培育"以村养村"的乡村旅游产业，保护名村历史文化环境要素。十几年来，旅游公司每年投入20万元，对130多幢传统风貌建筑进行日常修缮管养。

经验4：聘请驻村专家，培养传统工匠队伍。

石门高村聘请省历史文化保护、传统村落保护发展专家，引进培养了1支对民俗文化有情怀、热爱名村保护的传统工匠队伍，培育了6名本土传统建筑工匠。

图6　本土工匠队伍开展古民居修缮

图7　驻村专家指导古民居修缮

3.2 人居环境改善方面

经验5：恢复古道风貌，改善基础设施。

石门高村在保护街巷历史格局和空间尺度的基础上，破除古石板道上后加的水泥路面，采用传统的路面材料及铺砌方式进行整修，修缮恢复村内约2000米古石板道路；对村内的供水管道进行改造，配套污水收集管网、处理设施和氧化塘等，建设微型消防站和消防水池，在村内各处配置消火栓、灭火器，保障传统建筑的安全。

经验6：用足"绣花功夫"，保留"农耕文化"要素。

石门高村通过美丽乡村建设、传统村落人居环境改善项目整治柴棚脚屋，让长期闲置和仍然使用的柴房、茅厕、猪牛圈、鸡舍化零为整，重新分配，使这些传统生活方式保存下来并降低对环境的影响。让"村内有墙坝、开门见菜园、主房连柴房"的皖南古村落农耕文化的环境要素得到保留。

图8 环境整治前后对比1
来源：杨升府 摄

图9 环境整治前后对比2
来源：杨升府 摄

3.3 技术方法创新方面

经验7：利用现代技术修缮古民居，兼顾传统风貌和防水功能。

石门高村保存的130多幢历史建筑和传统风貌建筑都是砖木结构建筑，由于屋顶盖小灰瓦容易漏水，必须长期跟踪、保护维修。为了彻底防止屋顶漏水，屋面小瓦之下增设SBS防水层，具体做法是拆除屋顶小瓦、更换腐烂木结构后，满铺杉木板，SBS铺面，钉椽子盖瓦。

图10 高世民老宅屋面加装防水层

图11 高晓英老宅屋面加装防水层

图12 古建筑保护维修中

图13 历史建筑
来源：柯芳春 摄

3.4 公众参与和管理方面

经验8：成立管理组织，落实管理责任。

石门高村成立了棠溪镇"石门高古村落保护管理小组"，组长由镇长担任，并出台了《石门高名村保护管理办法》，通过村务公开栏进行公示，让村民了解保护要求，自觉树立保护意识，参与拆、建、改、种、养的行为执行和监督。

经验9：坚持古民居维修"三方联系"制度。

村民向村委会书面申请古民居维修内容，村委会和驻村专家现场察看，讨论施工方案，确定维修造价，协调旅游公司维修，"先申请者先维修"，提高了村民主动维修积极性。

图14 《石门高名村保护管理办法》宣传

图15 村规民约

图16 保护贡献积分兑换点

扫码观看视频

广西壮族自治区贺州市富川瑶族自治县朝东镇秀水村

示范方向： 整体保护类、人居环境改善类、活化利用类、公众参与和管理类

供稿单位： 富川瑶族自治县住房和城乡建设局

供稿人： 毛献林

专家点评　秀水村采用专业化集团公司带动的模式，改造利用传统建筑、挖掘状元文化等，对秀水村进行整体性保护开发，带动了传统村落的保护和产业振兴。秀水村以状元文化背景为支柱，对空间格局、街巷空间、建筑肌理等进行整体保护和系统提升；通过签订传统建筑保护责任书，加强对村落范围内建设行为的管控；通过先行示范、房屋入股、统一运营，打造"文旅融合"发展新模式。

图1　秀水村鸟瞰

1 案例概况

1.1 区位

秀水村位于贺州市富川瑶族自治县西北部，距县城30公里，是宋代状元毛自知的故里，也是潇贺古道的重要节点。村庄坐落于西岭山北端的秀水河畔，以秀峰山为中心，古建筑环山而建，秀水河穿村而过。

1.2 资源概况

秀水村现保存完好的古民居300座、古门楼8座、古戏台3座、宗祠5座、状元楼1座、东江石拱桥、登瀛风雨桥遗址等，享有"宋元明清古建筑露天博物馆"之称。

1.3 价值特色

秀水村状元文化突出，出过1个状元、26个进士。明清古民居建筑群保存完整，如宗族祠堂、花街石鼓、雕岩画栋和古建门楼等保存完好，建筑样式多样，中原、岭南、瑶族风格皆有体现，堪称"古村活化石"。

图2 秀水村近景
来源：邓仕军 摄

2　实施成效

2.1　实施组织和模式

　　秀水村采用专业化集团公司带动模式，提供高端度假体验服务，构建秀水村核心竞争力。县政府引入广西旅游发展集团，合作成立广西旅发富兴投资开发有限公司（简称"富兴公司"），对秀水村进行整体性保护开发；通过改造利用传统建筑、挖掘状元文化等，打造文旅融合龙头项目，带动周边福溪、岔山等传统村落产业振兴。

2.2　实施内容

　　秀水村注重村落整体保护和修缮，推进约33公顷的整体保护工程；实施状元广场硬化，登瀛风雨桥和状元阁等修缮工程，立面改造达380户，街巷整治约1.5公里。秀水村以古街巷为核心载体，围绕"诗书耕读、商贸古道"等主题打造5条乡村街市，将乡村技艺融入场景和业态空间中，活化提升乡村文化内涵和开发利用水平。

2.3　实施成效

　　秀水村以状元文化为支柱，对村庄原有空间格局、街巷空间、建筑肌理等进行整体保护和系统提升，保护效果良好，秀水村吸引外来资本保护开发，通过连片发展来整合资源、放大效应，打造古村落活化经营新样板。吸引大量游客，村民收入相比5年前增加了20%以上。

图3　建筑修缮
来源：富川瑶族自治县住房和城乡建设局

图4　状元坪恢复传统乡村场景修缮

3 示范经验

3.1 整体保护方面

经验1：严格执行法律法规，签订传统建筑保护责任书。

秀水村严格执行《富川瑶族自治县传统村落保护条例》和《富川瑶族自治县农房建设规划管控办法（试行）》，与传统建筑、构筑物所有权人或者使用人签订"传统建筑保护发展责任书"，加强村落范围内建设行为管控，严格实行带图报建、按图施工、按图验收。

经验2：成立传统村落保护理事会，构建上下联合共管格局。

2014年，为了更好地传承和保护历史文化名村，秀水村成立以老乡贤、老党员、老干部为代表的传统村落保护理事会，为村庄保护发展出谋划策，形成了与政府、村民横向联动，上下联合的齐抓共管的格局。

图5　建筑活化利用
来源：富川瑶族自治县住房和城乡建设局

3.2 人居环境改善方面

经验3：整合多方资金，推进全村环境整治提升。

秀水村整合涉及乡村振兴、美丽乡村建设、人居环境整治等，配套资金700万元，向人居环境整治倾斜；连续3年开展管线下地、房前屋后美化活动，完善村内公厕4处、石板路提升约1.5公里、配备小型污水处理设施6处、全村路灯亮化和配齐消防等配套基础设施。

图6 秀峰诗院夜景
来源：富川瑶族自治县住房和城乡建设局

图7 状元楼修缮后
来源：富川瑶族自治县住房和城乡建设局

图8 油茶馆
来源：富川瑶族自治县住房和城乡建设局

图9 瑶族刺绣展示馆
来源：富川瑶族自治县住房和城乡建设局

图10 传统建筑
来源：富川瑶族自治县住房和城乡建设局

3.3 活化利用方面

经验4：先行示范，房屋入股，统一运营。

村民将自家闲置房屋入股公司，由富兴公司统一管理、装修、经营，对代表性传统建筑进行示范改造，在保持传统风貌和建筑形式不变的前提下，对室内设施进行现代化提升，结合村庄产业发展规划和民居特点，植入新的经营业态，打造具有瑶族民居特色风格和农村原生态氛围的"文旅融合"发展新模式。

图11 第二届朝东镇秀水村状元楼—太尉出游旅游节大型文化活动
来源：富川瑶族自治县文体和旅游局

图12 在秀峰诗院、状元楼开展文化活动
来源：富川瑶族自治县住房和城乡建设局

经验5：传统建筑与多种新兴业态、瑶族文化结合。

秀水村在保护修缮的基础上，利用登瀛风雨桥、闲置民居、祠堂等，植入文化展示、民俗表演、手工制作、咖啡厅、茶室、书吧等功能业态，讲好秀水故事。

经验6：整合利用、统一规划传统建筑群，打造特色街区。

秀水村把一定距离内的数个传统建筑进行统一规划，打造成具有一定规模和主题效应的特色街区；选取传统建筑，将每栋建筑的使用功能进行引导性整体布局，分别打造油茶坊、古玩店、货栈、商行、客栈、酒店等，使建筑群变成一个统一的整体，使街巷变成充满活力的活动空间。

图13 美术名家走进八房花街大坪写生创作
来源：富川瑶族自治县文体和旅游局

图14 村民对传统建筑的活化利用
来源：富川瑶族自治县文体和旅游局

3.4 公众参与和管理方面

经验7：设计下乡，陪伴式服务，助力村落焕发光彩。

秀水村设计团队通过驻场陪伴式服务，充分吸纳原住居民意见，鼓励原住居民参与家园的保护、管理和建设，对整体聚落、景观、建筑以及室内空间进行一体化设计与营造，最大限度地保留秀水村的本真和统一风貌。

经验8："政府+艺术家+村民"联合共管，"互联网+"扩大宣传。

政府：政府主导投入，组织实施关键节点的改造和建设工程。专业公司进行保护性开发，修缮后的传统建筑用于咖啡屋、书吧、民俗文化展示等功能。

艺术家：吸引大批艺术家到秀水村创作、写生、研学、参与村落改造，如对传统建筑改造提供意见，租赁传统建筑进行经营。

村民：村民自发修缮，改造打铁铺、民俗体验馆、瑶族油茶馆等，衍生出一批网红打卡点，有效带动乡村旅游。

互联网：宣传推介方面打造秀水村中国传统村落数字博物馆，创建秀水村旅游宣传公众号，在线观看VR（虚拟现实）全景图，聆听景区讲解。

图15　秀水村百姓自发改造餐厅
来源：富川瑶族自治县住房和城乡建设局

图16　秀水村民居改为非遗展示馆
来源：富川瑶族自治县住房和城乡建设局

图17　秀水村风雨桥直播吸引众多主播参与带货
来源：富川瑶族自治县住房和城乡建设局

图18　秀水村举办桂粤湘三省（区）三市人大民族工作跨区域合作活动吸引群众广泛参与
来源：富川瑶族自治县住房和城乡建设局

云南省大理白族自治州云龙县诺邓镇诺邓村

示范方向： 整体保护类、人居环境改善类、活化利用类、技术方法创新类

供稿单位： 云龙县住房和城乡建设局

供稿人： 杨利金、张利周、罗赟

专家点评

诺邓村探索党建引领下"政府+高校+企业+村民+文旅"的模式，构建共建、共治、共享的保护工作机制。诺邓村通过制定保护规划和技术法规，统筹推进各项保护和建设；利用传统风貌建筑打造23处精品民宿，建造了诺邓盐文化博物馆等多项文博设施，实现生态、耕读、制盐、休闲等多元体验；完善消防管道建设，试行"VR数字化全景灭火预案"，保障村落安全。

图1 诺邓村鸟瞰

1 案例概况

1.1 区位

诺邓村地处世界自然遗产三江并流风景名胜区南端的位于云南省大理白族自治州云龙县,是白族最早的经济重镇,是一个拥有千年历史的滇西北村落。诺邓村四面环山,村子最低处海拔为1900米,最高处的玉皇阁海拔为2100多米,距县城约7公里,距大理白族自治州州府约165公里。"诺邓"从唐朝沿用至今,在白族语里意为"有老虎的山坡",是一个以白族为主体的少数民族聚居地。

1.2 资源概况

诺邓村是云南省最早的史籍《蛮书》记载的、唯一尚存的、原名称不变的村邑,于2007年被国务院公布为第三批国家历史文化名村。诺邓村拥有"中国传统村落""中国美丽休闲乡村""中国少数民族特色村寨"和"云南白族历史文化保护区"等多项美誉。村内现保留着60多座明清民居建筑、40多座民国时期的民居建筑和20多座古庙宇等公共建筑,以及5000多米长的街道、村道。此外,全村还有百年以上的古木200余株。

1.3 价值特色

诺邓村是云南最古老的历史名村,是云南最早的经济特区,是通往滇西各地盐马古道的轴心地,是研究中国古代盐井文化的活教材,有保留得最好、最集中的明清建筑群,有人文与生态景观俱佳的旅游资源。

诺邓村民居建筑式样基本与大理地区的白族民居相同,有"三坊一照壁""四合一天井""四合五天井"等建筑布局,但由于依山而建,构思奇巧变化,风格多样。无论是四合院,还是"三坊一照壁",建筑的平面组合都结合山形地势特征,因而诺邓村民居建筑呈现出千姿百态的外观,充分体现民居与自然的协调。

图2 诺邓村棂星门

图3 盐马古道

2 实施成效

2.1 实施组织和模式

诺邓村践行共同缔造理念，强化基层党建引领，发挥村民主体作用，激发村民内生动力，搭建"政府、高校、企业、村民"多元参与平台，探索党建引领下的"政府+高校+企业+村民+文旅"模式，构建共建、共治、共享的历史文化名村保护工作机制。

2018年诺邓村成立了诺邓古村保护与发展领导小组，制定并下发了《诺邓古村保护与发展工作方案》，明确了诺邓镇和各部门的职能、职责，充分发挥诺邓镇属地管理主体的责任和住建、文旅、消防等部门的行业管理责任。借助同济大学——云龙对口帮扶机遇，完成了《云南省云龙县诺邓国家级历史文化名村保护详细规划》，奠定了古村保护及古建筑保护修复技术的基础。同时，诺邓村还引进文旅产业公司，开展诺邓景区旅游开发运营管理工作。政府主导、企业管理、群众参与，各司其职，多措并举，深入推进诺邓历史文化名村的保护利用工作。

图4　历史建筑挂牌保护

2.2 实施内容

诺邓村坚持"整体保护、严格管理、合理利用"的原则,将诺邓传统村落划分为核心保护区、风貌控制区和环境协调区,并明确了各个区域的定位和功能。诺邓村将诺邓村完全小学、诺邓火腿厂搬迁至核心保护区外,建设了诺邓盐文化博物馆、古戏台,恢复了龙王庙和玉皇阁等诺邓白族乡土建筑群;结合古旧建筑修复利用打造精品民宿,建造博物馆。实施古村消防、"智慧消防"项目,抓实古村消防安全。

2.3 实施成效

诺邓村通过成立和充实古村保护管理机构和队伍,编制和实施保护规划,确保了名村整体景观和格局的真实性和完整性。通过多措并举,按照"修旧如旧、修旧是旧"的原则,逐步推进古旧建筑保护修复和活化利用,先后投入了5600万元建设完成了诺邓公路等基础设施,投入了1530万元修缮了玉皇阁、棂星门等文物,投入了600万元修缮了20多个传统民居院落;创建了诺邓国家3A级旅游景区,打造了23处精品民宿,建造了诺邓盐文化博物馆、诺邓云上乡愁书院等一批文化设施,使之成为生态、耕读、制盐、休闲等多元体验场所。

图5 诺邓村完全小学搬迁后恢复的玉皇阁

图6 诺邓村题名坊

图7 古村巷道

图8 古村巷道石板路

3 示范经验

3.1 整体保护方面

经验1: 规划引领, 始终把历史文化遗产保护放在第一位。

诺邓村保存古村与周边自然环境结合的历史景观, 维护村落内部整体街巷格局, 保护朴素而又别致的传统民居, 充分体现诺邓历史文化名村作为"千年白族村落"的历史文化特色。诺邓村先后编制了《云南省县诺邓历史文化名村保护规划》《云南省云龙县诺邓国家级历史文化名村保护详细规划》等规划, 以及《建筑导则》《建筑保护与修缮手册》, 并成立了诺邓古村保护与发展领导小组, 统筹安排诺邓村的各项保护与建设工作, 提供村落保护和更新的组织保障、技术法规依据和相关措施。

经验2: 修旧如旧, 使古旧建筑重现旧貌并更显韵味。

诺邓村先后投入了895万元, 对古村内的172户古旧民居、黄家祠堂和盐井等诺邓白族乡土建筑群按照"修旧如旧、修旧是旧"的原则, 充分利用已经拆除的旧材料和地方材料, 发挥专业技术团队和农村工匠的作用, 最大限度地将原生态古建筑保留下来, 以便更好地活化、开发利用。

图9 修复前修复中及修复后的诺邓盐井对比

3.2 人居环境改善方面

经验3：文化遗产引领乡村振兴，重塑村落空间。

完善村落公共服务是提升村民幸福感的重要途径，重塑村落的公共空间和公共交通，配备多样化、人性化的服务，让传统村落更具魅力。借助同济大学——云龙对口帮扶的机遇，实施文化遗产引领乡村振兴试点工程，建设乡土教育基地、专家工作站、志愿者之家、村史馆、村民议事中心、游客服务中心等，完善村落旅游标识系统，实施村落公共空间改造，推进村落污水垃圾和消防等基础设施建设，全面改善村落宜居环境，提升村落宜游品质。

图10　古院落活化利用——复甲留芳苑客栈

图11　古院落活化利用——小青树客栈

3.3 活化利用方面

经验4：以用促保，让历史文化遗存"活"起来。

在历史文化名村保护和活化利用中，经过精心修缮，科学运营，合理利用，诺邓村利用传统风貌建筑打造了诺言别院花园美宿、小青树客栈和复甲留芳苑等23处精品民宿，建造了诺邓盐文化博物馆、家庭生态博物馆、诺邓村数字博物馆、诺邓云上乡愁书院等文化设施。诺邓村积极推动名村保护利用传承，深入挖掘古村落历史价值、文化价值，处理好传统与现代、继承与发展的关系，坚持"活态保护、以用促保"的理念，促进传统村落物质和非物质文化遗产的活态传承，增强传统村落保护发展的内生动力，有效助力乡村振兴。

图12 古院落活化利用——诺邓云上乡愁书院

图13 古院落活化利用——小青树客栈家庭生态博物馆

图14 传统古法制盐

图15 盐制品——盐雕

3.4 技术方法创新方面

经验5：试行"VR数字化全景灭火预案"，构筑历史文化资源安全屏障。

诺邓古旧建筑大多以土木结构为主，耐火等级低，电气火灾隐患十分突出。为降低火灾隐患，诺邓村先后投入2100万元实施了消防管道建设、人饮消防工程、"智慧消防"等项目，建设完成了消防水池、室外管道、室内管道、户外消火栓37个，组建了一支5人的专业消防队，为122户配置了烟感器和灭火器。同时，诺邓村积极探索古村保护的新路径、新方法，并试行了"VR数字化全景灭火预案"，为古村保护增添一把新"利器"。

"VR数字化全景灭火预案"突破了传统的设计理念，在保留以往纸质预案优点的同时，解决了纸质预案采集信息不全面、内容不直观、实战结合度差等问题，通过采用多样化的三维数字建模、模拟动画的形式，将诺邓古村的基本地形地貌和消防设施设备数字化，呈现了诺邓古村全景态势图，仿真度高达95%以上。"VR数字化全景灭火预案"使观看预案者无须亲临现场，便能准确掌握现场相关信息，实现单位全景可视化，便于消防指战员日常熟悉，作为古村发生火灾时的决策辅助。

图16 室外消火栓箱　　　　　　　图17 "智慧消防"设施　　　　　　图18 烟感器和语音系统

图19 VR（虚拟现实）模拟火灾救援场景

广东省佛山市顺德区北滘镇碧江村

示范方向： 人居环境改善类、活化利用类、技术方法创新类、公共参与和管理类

供稿单位： 佛山市顺德区住房城乡建设和水利局

供稿人： 殷国新、黄楚仪、苏韩

扫码观看视频

专家点评 碧江村采用"政府主导+社会力量"的参与模式，以古民居群为载体、公共服务建设为产品的活化模式，充分调动社会力量，实现了保护和利用的双赢。通过从"小处"着眼、从"细处"着手，升级改造交通环境，推进村内基础设施建设，打造宜居生活空间；通过凝聚乡贤力量，实现多方共治，积极推进古建筑群修复以及保护项目的落实；通过数字化平台建设，加强信息化资源管理。

图1 碧江村鸟瞰
来源：周志锋 摄

1 案例概况

1.1 区位

碧江村位于佛山市顺德区北滘镇镇区东北5.8公里处，是顺德的"东大门"，总面积为8.9平方公里；由于地处珠江、北江、西江三江交汇之处，是古珠江水道的中途要港，凭借地理位置的优势，碧江村自古以来就是远近闻名的经济重镇。

1.2 资源概况

碧江村历史文化资源丰富，拥有各级不可移动文物22处、广东省历史文化街区2片、佛山市优秀历史建筑5处、推荐历史建筑65处。碧江村自古素有"文乡雅集"之称，不仅历史悠久、人文资源荟萃，还拥有独特的山水格局及传统村落布局、令人惊叹的祠堂文化和蔚为壮观的古建筑。

1.3 价值特色

碧江祠堂建筑群是明清广府传统建筑艺术的荟萃地。碧江村的传统村落布局是广府民田区水乡宗族村落的代表，拥有独特的"五兽当关，九龙入洞"的山水格局，是中国传统村落选址和营建的典范。"九龙入洞"的传统水系塑造了碧江村传统水乡景观，逐渐形成了顺德唯一拥有"中国历史文化名村"及"中国传统村落"的双国字荣誉的古村落。

图2　顺德龙狮古村行——碧江金楼
来源：宾灿华 摄

2 实施成效

2.1 实施组织和模式

碧江村成立了由镇相关单位组成的碧江古村落活化工作小组，聘请熟悉碧江村历史文化、古建筑修缮等方面的权威人士成立碧江古村落活化专家小组，为碧江村的保护和发展出谋划策，形成"政府主导+社会力量参与"的模式。碧江村在保护利用的前提下，形成以古民居群为载体、公共服务建设为产品的活化模式，在减轻政府财政资金投入的情况下，实现了保护和利用的双赢。

2.2 实施内容

近年来，各级政府累计投入财政资金1.2亿元用于碧江村历史文化保护与发展工作。历史文化街区、传统街巷等古建筑周边环境整治提升工程包括：在村心大街启动"五位一体"立体改造工程；先后完成村心大街污水管网建设约400米；拆除电力、电信、有线电视线路，沿街管线入地敷设约3000米；完成村心大街、泰兴大街、承德路、泰宁路升级改造工程，改造长度约2000米；村心大街沿街历史古建筑进行外立面改造，安装古色古香的照明灯具工程等。古村特色建筑活化保育工作包括：打造了一河两岸具有岭南特色的德云居餐饮名店；打造"碧江金楼"国家3A级旅游景点等。同时，结合"以水兴城"工作，启动历史文化街区村心大街暗涵复明工程，恢复河涌故道，重现碧江水乡风貌。

2.3 实施成效

近年来，碧江村依托优越地理位置，利用古村特色建筑活化，打造了德云居餐饮名店，每年接待游客超过50万人次，创造超过4000万元的经济效益。"碧江金楼"景区古建筑群结合文旅项目，每年吸引约10万人次前往"打卡"，累计创造1600万元经济效益。稳步推进古村落活化工作，碧江村先后获得"2017亚洲都市景观奖城市文化复兴优胜奖第三名""2020年度广东省文物古迹活化利用典型案例"等一系列荣誉称号。

图3 "碧江金楼"景区古建筑群等
文旅项目及活化项目空间
来源：碧江社区

图4 碧江村古建筑群鸟瞰
来源：鲁兆辉 摄

图5 古建筑群周边环境整治提升
来源：周志锋 摄

3 示范经验

3.1 人居环境改善方面

经验1：升级改造交通环境，优化群众出行体验。

为切实改善市民群众的交通出行环境，碧江村对主干路进行升级改造，实行人车分流，真正实现"还路于民"，营造安全、文明、畅通、有序的交通环境。注重保护原有街巷格局的空间肌理，依托村内水系、乡道等连续线性空间，串接祠堂、古建、街巷等节点，完善泰宁桥、昇平桥等重要节点的重建项目。

经验2：提升古村基础设施，营造舒适宜居环境。

碧江村从小处着眼，从细处着手，推进村内基础设施建设，包括修建分散生活污水治理站、垃圾中转站、排水设施等，打造宜居生活空间；见缝插绿，建设"口袋公园"，优化生态空间；修整村道街巷，将荫老园后街、壮甲涌片区等空闲荒废地进行平整，为居民营造更宜居的生活环境。

图6　碧江村升级改造交通环境及
游览路线实施前后对比
来源：碧江社区

图7　碧江村基础设施改造实施前
后对比
来源：碧江社区

3.2 活化利用方面

经验3：依托传统民居群，打造碧江美食招牌。

依托碧江古村的传统民居群打造"粤菜名村"，构建古村内生动力的良性循环，成为展示碧江传统建筑特色和体验碧江美食风味的重要窗口。其中，德云居作为本土乡贤打造的标志性美食招牌，每年接待游客超过50万人次，在碗筷间实现了传统文化的传播。

经验4：日常维护古建、设立兴趣协会，保育传统价值要素。

镇、村两级共同成立物业管理公司，对金楼等古建筑群进行了日常的维护保养及清洗、加固和上色保养，使原本斑驳的古建筑重新焕发生机。此外，碧江村采取设立兴趣协会的方式来保育古建筑，如设立兰花协会，传授本土兰花种植技术；在碧江武馆设立佛山七星螳螂拳的学习课程；在澄碧祠设立蓬莱书院，享受碧江文化熏陶，重温旧时书塾韵味。

经验5：挖掘非物质文化遗产，传承名村历史文脉。

碧江村有丰富的非物质文化遗存，以古建筑、街区为载体进行活化传承，实现非物质文化遗产和物质文化保育相容并存，塑造"接地气"的传统文化传承模式，如建立校馆合作模式，成立佛山鹰爪拳传承与发展学术研究基地、咏春拳术教育基地等。

图8 碧江村金楼古建筑群修缮活化
来源：寇灿华 摄

3.3 技术方法创新方面

经验6：推进数字化平台建设，加强信息化资源管理。

碧江村依托顺德"城建大平台"，将历史文化街区和历史建筑的保护范围、价值与特色、简介，以及历史建筑的地点、批次、建筑年代等数据实现共享，通过三维测绘建档技术保存建筑历史信息，建立测绘信息档案。

经验7：加强古树名木动态监测及定期养护。

碧江村定期组织专业技术人员对碧江村内古树名木的生长环境、生长情况、保护现状等进行动态监测和跟踪管理，适时更新档案资料，定期报告古树名木资源情况。2002年碧江村对金楼"十叶"龙眼古树进行养护，经过专家开药方"吊针输液"，金楼的"十叶"龙眼老树终于枯树逢春，恢复生机，至今长势喜人。

经验8：通过历史地景及古建筑复原，展示碧江历史文化。

碧江村搭建文化建设传播平台，利用文献、图像、实物展示等方式完成"亦渔遗塾""伯韶医馆""守清屋"等布展项目。碧江村史馆以历史地景装置设计，运用古祠庙宇、宅邸民居、牌坊、花园等多样地景类型展示碧江历史文化底蕴，记录消失的老故事和现存的老地景，唤醒大家对碧江村的新认识、新感觉。

图9 德云居饭店改造升级
来源：碧江社区

图10 碧江民乐公园实施效果图
来源：罗锦源 摄

图11 振响楼外观示意图

图12 碧江村复原地景及局部模型
来源：碧江社区

3.4 公众参与和管理方面

经验9：引入第三方机构，培育社区营造经验。

碧江村结合社区营造工作，引入顺德一心社工、广州象城建筑、广州翻屋企社造中心等第三方机构，利用公共建筑打造众德社等公益阵地，通过开展社区营造与参与式规划的相关活动，如"碧江口述历史故事会""碧江村史馆老物件征集"等，积极开展基层治理，逐步达到社区文化传承和自主参与的社会目标。

经验10：凝聚乡贤力量，共绘古村蓝图。

碧江村在古建修缮、文旅发展、教育激励、慈善福利等方面均有本土乡贤内生力量参与，如乡亲象征性地收取1元租金，将古泥楼交给碧江居委会代管，无偿借出私人奇石盆景、书画陶瓷、祖传家具给金楼展示和点缀；又如凸显碧江人文特色的标志性建筑——碧江牌坊由"顺德地标之父"知名建筑设计师梁昆浩亲手设计，砖瓦之间洋溢着乡贤造福本土的温情。

图13 碧江微公益红色故事会活动
来源：碧江社区

江苏省苏州市吴中区金庭镇石公村
明月湾村

示范方向： 整体保护类、人居环境改善类、活化利用类

供稿单位： 苏州市吴中区金庭镇人民政府

供稿人： 邹永明、陆嘉军

专家点评 明月湾村通过健全保护机制，深挖历史文化内涵，有效推动了古村落的整体保护整治工作。明月湾村通过组织节庆活动和评比，营造古村落百姓全民参与人居环境整治、全民宣传古村落保护的氛围；利用创建田园乡村的契机，鼓励当地村民和外来社会力量参与，从部分村民手中流转相关房屋，活化利用闲置房屋，置换建筑功能，新增公共空间，促进了古村的活化利用。

图1 明月湾村整体鸟瞰
来源：石公村村委会

1 案例概况

1.1 区位

明月湾村位于苏州市吴中区金庭镇太湖西山岛南端，依山傍湖，背靠潜龙岭，面朝太湖，距离苏州市区约45公里，现为"中国历史文化名村""全国农业旅游示范点""中国传统村落"，因两千五百多年前吴王夫差和美女西施在此赏月而得名，以湖光山色风景优美、文化遗存丰富多彩而著称。

1.2 资源概况

明月湾村保存有明清建筑20余处，是"江南文化"的典型代表，是太湖生态岛的重要文化旅游资源。明月湾村内有省级文物保护单位1处，市级文物保护单位4处，市级控制保护建筑5处，古街巷1条，古码头1处，古香樟古树名木1处。弯弯地伸入太湖的古码头，曾是村民走出村落的主要通道；高高的古樟树如伞似盖，已逾千年，是古村的形象标志；明月寺是农村乡土信仰的实物例证；多处宗祠建筑是古村多家姓氏和睦相处、世代传承的文化载体；敦伦堂、礼和堂、瞻瑞堂、裕耕堂等多处明清宅第是村民居住、生活的真实记录。正是这些历史文化遗存，组成了一幕幕水乡山村、田园生活的生动场景。

1.3 价值特色

从清代的树木归公公议碑、永禁采石碑，到千年古樟、石板街、古码头、古建筑，明月湾村向世人展现的是一个人与自然和谐共处、生态涵养造福当代的生动实例。明月湾村的繁荣离不开这里的风物和文化，也离不开所有对这片土地怀抱热忱的人。古村保留的两块石碑——明月湾永禁采石碑和明月湾湖滨众家树木归公公议碑，彰显着这个村庄对人与自然和谐的坚守。

图2 明月湾自然风光
来源：石公村村委会

2 实施成效

2.1 实施组织和模式

针对古村落这一珍贵历史遗存,镇党委、镇政府的领导高度重视,成立了古村落保护整治领导小组;专门抽调人员,成立由7名同志组成的工作小组具体负责实施古村落的保护整治工作;同时聘请五位专家顾问进行技术上的指导和把关。

2.2 实施内容

在古村落的保护实施中,明月湾村把做好古村落保护规划设计放在保护工作的首位,编制了明月湾村保护整治规划、历史文化名村保护规划等,更好地为古村保护提供指导。

保护和修复古村落的关键是落实资金问题。明月湾村采取了多元化的投资结构的保护整治,目前已投入资金约1亿元。古村古建修缮工作也持续进行。

2.3 实施成效

依照"修旧如旧"的原则,明月湾村修复重要的古祠堂和古民居,并做好了汉三房等其他村民老宅的修复方案;对古村道路进行全面整修、"三线"入地,使之与传统风貌相协调;对古码头、石板街进行了全面整修,先后完成了古村入口处的民房拆迁、场地绿化、小品小景、石坎园路及管理用房等配套设施的工程建设。明月湾村先后获得"中国历史文化名村""全国农业旅游示范点""江苏省历史文化名村""江苏省四星级乡村旅游点""省级特色田园乡村项目"等荣誉,同时古村内廉吏暴式昭纪念馆被列为江苏省廉政教育示范基地。

图3 实施成效
来源:石公村村委会

图4 与专家顾问进行技术交流
来源:石公村村委会

3　示范经验

3.1　整体保护方面

经验1：修复古建筑，加强文物消防安全管理。

明月湾村根据"保护为主、抢救第一"的原则，加强对各类文物、古建筑的保护；进一步完善消防设施及文物保护长效管理措施，确保文物安全；对文物古建筑安装灭火器、消防安全语音提示器、视频监控器，同时对古村内农家乐发放灭火器，开展了消防安全宣传和火灾灭火演练等活动。同时，依照"修旧如旧"的原则修复了黄家祠堂、邓家祠堂、明月寺、礼和堂、敦伦堂、秦家祠堂、瞻瑞堂、裕耕堂等约8000平方米的古祠堂和古民居。

经验2：研究古村文化内涵，编写出版志书，加大宣传力度。

明月湾村深入研究古村的文化内涵，挖掘整理历史文化资料，为古村的保护利用和宣传教育提供丰富的参考资料；编写了《精彩江苏·中国历史文化名村——明月湾》一书，由江苏人民出版社正式出版发行。2019年5月31日，《中国纪检监察报》第6版刊登介绍了西山"东孝西廉南和北义"古村文化的文章《太湖西山的古风清韵》。2020年《金庭镇传统村落志》编写完成并通过评审，2021年正式出版。

图5　文物保护

来源：石公村村委会

3.2 人居环境改善方面

经验3：开展人居环境整治活动，开展"回头看"，加强常态化管理。

明月湾村结合农村人居环境整治活动，开展"净美家园迎国庆、迎新春"等人居环境整治活动，积极学习苏州市人居环境考核办法，重点对农村垃圾、河塘沟渠、乱堆乱放、田容田貌等方面加强督导；定期开展"回头看"等方式，压实农村人居环境常态化管理要求。

经验4：立足古村现有风貌，"穿衣戴帽"改造现代建筑。

明月湾村配合明月湾景区工作，在保护古村现有环境风貌的同时，进一步提升古村落整体风貌。对村内村外60多幢现代风格房屋进行了立面改造，对古村外围的农家乐饭店进行统一的立面改造，使之与传统风貌相协调。

经验5：组织评比，落实整治行动，营造全民参与人居环境整治的氛围。

通过年度文明清洁户评比，明月湾村营造了古村落全民参与人居环境整治、全民宣传古村落保护的氛围，提升村民改善人居环境的参与性、责任感；规范古村鸡、鸭等禽类的养殖，使古村落环境整体整洁有序。

图6 人居环境整治
来源：石公村村委会

图7 街巷整治
来源：石公村村委会

3.3 活化利用方面

经验6：村委会出资，修缮活化闲置建筑，打造为村民服务的公共空间。

作为江苏省第五批次特色田园乡村，明月湾古村抓住田园乡村创建契机，围绕村民需求，坚持功能引领，配建公共场地。由于老宅产权多户共有，且许多村民无力按照"修旧如旧"的规定改造整修。为此明月湾村从部分村民手中流转相关房屋，由村委会出资统筹布局，基于村民的公共服务需求，活化利用闲置房屋，置换建筑功能，新增公共空间，打造"讲和修睦"工作室、老年人日间照料点等场所。

经验7：定期组织竞赛评比，助推特色农家乐产业发展。

明月湾村坚持在保护中发展，在发展中保护，鼓励当地村民和外来社会力量参与古村保护利用，大力发展文化旅游、民宿、农家乐、民俗风情等特色产业，促进古村的活态保护。随着"农文旅"的大力发展，古村的农家乐产业日益兴旺，不断提档升级。现有以住宿和餐饮为主的农家乐共有64家。同时，农家乐经营主体成立了明月湾农家乐协会，自发参与古村落的旅游开发管理。农家乐的集群扩张也带来了良性的内部竞争，协会定期组织厨艺竞赛、农家乐评比，助推餐饮旅游的提升。

经验8：深挖文化特色，打造廉政教育示范基地，传承廉政文化。

明月湾村挖掘优秀历史文化资源，利用邓家祠堂布置陈列，建成了廉吏暴式昭纪念馆。在保留纪念馆原貌的同时，改造过程充分运用园林创作原理进行设计，将新时代的内涵贯穿其中。暴式昭纪念馆被列为江苏省廉政教育示范基地，传承廉政文化，成为明月湾村的廉政文化品牌，每年不定时开展廉政文化宣传活动，吸引多个省内机关单位人员参观学习。

图8　活化利用闲置建筑
来源：石公村村委会

图9　特色农家乐
来源：石公村村委会

图10　廉吏暴式昭纪念馆内景
来源：石公村村委会

7 河北省邢台市沙河市柴关乡王硇村

示范方向： 整体保护类、人居环境改善类、活化利用类

供稿单位： 沙河市柴关乡人民政府

供稿人： 石贺、李燕科、贾瑞杰

扫码观看视频

专家点评　王硇村采取"市乡两级政府指导扶持、村两委和村集体企业联合保护、党员和群众共同参与"的模式，充分利用王硇家训和村规民约，加强监督管理，实现了村落的科学保护和利用。王硇村通过提升基础设施，改造和建设配套服务设施，打造宜居宜游的乡村环境；通过大力建设传统文化陈列馆、村史馆、新时代文明实践站等文化设施，不断提升村民文化素质；结合传统手工技艺，打造主题经济小院，有效利用了村落传统民居。

图1 王硇村鸟瞰
来源：李自岐 摄

1 案例概况

1.1 区位

王硇村，位于河北省沙河市西南部太行山区，属柴关乡行政管辖，村庄距沙河市约45公里，地处沙河、武安交界处。王硇村是典型的垴上山村，村域面积20余平方公里，村庄面积1.5余平方公里，有居民259户、881人。

1.2 资源概况

王硇村现存明清传统民居院落130余处、古街巷26条，石街巷依势随形，整个村庄既像城堡又像迷宫，具有独特的军事防御功能；村内古池塘5口，古水系1条，明清宗教建筑群2处共13座，有市级文物保护单位4处。村内主要景点有明清四合院、最高石楼、东南缺巷、伸曲巷、抗日红色旧址、王澍棠故居、王氏祠堂等。

王硇村东、南、西三面环山，村南为红枫山景区，山巅有明清宗教建筑群落，"三霄信仰"闻名周边县、市；村西南笔架山红叶为赏红胜地；村周千层万叠的王硇梯田、太行云海是摄影爱好者的打卡地。

1.3 价值特色

王硇村集建筑文化、红色文化、民俗文化、宗教文化于一体，是沙河市传统村落集中连片保护利用的示范核心。村内有融合南北建筑风格的明清古石楼建筑群、笔架山红叶、王硇梯田、太行云海等，也有冀南老区抗日历史、太行山区民间手工艺、"三霄信仰"宗教文化，对研究冀南太行山区传统村落发展具有重要的历史、科学、文化和艺术价值。

图2 王硇明清古石楼建筑群
来源：李自岐 摄

2 实施成效

2.1 实施组织和模式

王硇村主要采取市乡两级政府指导扶持、村两委和村集体企业联合保护、党员和群众共同参与的实施模式。市直相关部门和乡政府负责组织编制规划，制定相关文件，申报项目资金，监督管理项目实施，协调解决村庄发展困难瓶颈；村两委班子侧重村级事务管理、传统村落保护修缮、乡村建设和治理；河北王硇旅游开发有限公司作为村集体下属企业负责景区运营管理、旅游项目开发；支部扛旗、党员带头，充分利用王硇家训和村规民约，引导群众争做古村保护、村庄发展、公益事业和旅游宣传的先锋表率。

2.2 实施内容

王硇村争取筹措保护资金，重点实施古村保护，确保王硇村明清古石楼建筑群整体保护完好；提升旅游基础设施，村域内道路全部硬化，古村内街巷全部恢复石板路，全村铺设了上下水管网，景区内停车场、旅游中心、旅游厕所、观光车等设施齐全；打造红色教育基地，修复了沙河市抗日县政府所在地、抗日独立营、抗日交通站、抗日高小等一批红色基地，修建了红色文化展馆、村史馆、非公党建基地等一批红色阵地；发展农旅融合产业，引导群众开办了农特产品商超、农家乐饭店、宾馆客栈等20余家，开发了王硇果林采摘种植基地。

图3 少先队员参观王硇村红色文化展室
来源：李自岐 摄

图4 沙河市第四届红叶节在王硇村举办
来源：李自岐 摄

图5 王硇村史馆
来源：李自岐 摄

图6 王硇村"两新"党建学习实践中心的红色观影厅
来源：李自岐 摄

2.3 实施成效

乡村旅游逐年提档升级。作为国家3A级旅游景区、河北省风景名胜区，王硇村先后获得"中国传统村落""中国最有魅力休闲乡村""中国历史文化名村""中国乡村旅游模范村"和"第一批全国乡村旅游重点村"五个国家级荣誉称号。"王硇"牌传统手工艺品、农特产品广受欢迎，旅游人数逐年递增，村集体经济收入也从零增长到近百万元，知名度、影响力不断提升。

图7 石门高村风貌
来源：李自岐 摄

3 示范经验

3.1 整体保护方面

经验1：坚持全村一盘棋，严格按规划保护要求发展建设。

王硇村成立了以两委班子为主体的王硇村传统村落保护工作领导小组，负责古村保护、修旧如旧；广泛征求专家、村民意见，编制保护发展规划，坚持"全村一盘棋"统一设计，所有项目一律按照规划方案进行建设，如实施过程中确需更改，必须由专家出论证方案后施工；坚决做到专项资金专款专用，不搞盲目投资和重复投资，多年来各项资金合规、合法、科学利用率100%。

经验2：设立保护公约，提升各方保护意识。

王硇村充分实行民主集中制，坚持民主决策、村务公开、收支透明，让村民跟着党支部、村委会放心干事；制定《传统村落修缮、翻建、新建房屋审批表》，设立《王硇村传统村落保护公约》《王硇村村规民约》，并与村民签订保护承诺书；积极组织党员干部、村民代表外出参观，开阔思维和眼界，提升保护意识。

经验3：重视保护宣传工作，组织多样活动，营造保护良好氛围。

王硇村制作了一系列旅游宣传片、宣传册，出版了传统文化书籍十多种，申请了全国首家"古村落建筑文化遗产保护研究基地"；以王硇村为站点的活动多次被中央、省、市媒体报道，多部电视剧、电影在王硇村取景录制；连续多年举办沙河市红叶节，组织了数不胜数的座谈、摄影、书画、体育活动，营造了全社会共同重视传统村落保护的良好氛围。

图8 2015年冯骥才先生考察王硇传统村落保护利用情况
来源：李自岐 摄

图9 中国建筑文化研究会授予"古村落建筑文化遗产保护研究基地"荣誉
来源：贾瑞杰 摄

3.2 人居环境改善方面

经验4：提升基础设施，建设宜居宜游乡村。

坚持低水高调、引水上山，打成深水机井，水质达矿泉水Ⅱ级标准，全村铺设上下水管网，家家通上自来水，修建污水处理站，户户进行厕所改造；核心保护区内所有街巷全部铺砌红石板，违章建筑全部予以拆除，修缮危房50余户，核心保护区内不得进行新建、扩建活动，进行改建、重建、重修的房屋及标识、广告设置等活动，必须符合保护规划；新建1500平方米王硇宾馆，配套两个标准会议室、卫生室、农特产品商店、旅游服务中心等；新建100000平方米大型标准化停车场，配套售票处、警卫室、土特产店、旅客休息室、观光车等；新建王硇村景区大门、进村桥梁及旅游厕所10座；打造川寨步游道、东沟水系和喊泉；铺设进村道路、王硇果林种植基地道路、红叶观光路及上山石阶。

经验5：利用传统建筑打造文化场馆，提升村民认同和游客体验。

王硇村利用传统建筑及院落，布局传统文化陈列馆、红色文化展馆、王硇村史馆、王氏祠堂、新时代文明实践站、农家书屋、两新党建学习实践中心等文化场馆，出版了王硇历史和红色文化丛书10余本，配备专门网格员进行管理、维护，配备专业讲解员进行导游、讲解，发挥以文化人的作用，提升村民认同感、自豪感和游客参观体验。

图10　王硇村人居环境改善局部展示
来源：李自岐 摄

3.3 活化利用方面

经验6：结合传统手工技艺，打造主题经济小院。

王硇村鼓励村民在不破坏传统民居外观的前提下，将自家小院打造成主题小院，变成可创收的经济小院。一是鼓励村民将自家民居改造成集食宿、购物、参观为一体的农家乐，推介羊汤、炒鸡块、包皮面、拽面、麻糖、油糕、饸饹等地方特色美食，在庭院里或院落周围种植蔬菜、散养笨鸡等，让游客在品尝美食、留宿乡村的同时，体验自己采摘、劳作和下厨的乐趣。目前已建成农家乐15家。二是鼓励村民将自家民居改造成民间手工艺品展销厅，引导村民错位经营，向游客展示四匹缯老粗布、纳千层底土布鞋、刺绣、荆编、根雕等手工技艺，各自准备不同类型的手工艺品满足不同的顾客需求，让游客可参观、可体验。目前已建成5家展厅。三是鼓励村民将自家民居改造成农特产品售卖店，销售本村种植加工或生产的苹果、薄皮核桃、鲜桃、蜂蜜、山韭花、红小米、笨鸡蛋、核桃油、野菜等特色农产品，村集体注册了"王硇"牌商标，通过网络平台售卖，可包装快递到家。

图11 古村农家饭店（村民自家院落改造成农家乐）
来源：李自岐 摄

图12 金梭姐妹土布店（经营各类手织老粗布及产品）
来源：李自岐 摄

图13 王硇村"太行乡韵"特色农家乐
来源：李自岐 摄

图14 村民王香鱼直播售卖土特产
来源：李自岐 摄

经验7：注重古村文化品牌，打造影视拍摄基地。

王硇村群山环抱，保存完好的古石楼建筑群、千层万叠的旱作梯田、原住居民的生活情境、紧邻高速的便利交通、设施齐全的住宿餐饮等，是影视剧拍摄的理想外景地。近年来，多个影视剧组将王硇村作为拍摄基地，例如著名导演张晓光执导，曹曦文、唐曾主演的电视剧《海边女人》，导演安战军执导，刘敏涛、刘桦、孙敏主演的电影《原祸》（原名〈情恨两重天〉），青年导演刘涛执导，孙仲秋、郝若彤主演的电影《白头小书记》等。多个剧组的入驻，促进了王硇村在房屋租赁、群众演员、餐饮住宿的经济收入，同时达到了吸引游客、推广宣传等效果，为王硇村的发展带来了机遇，注入了活力。

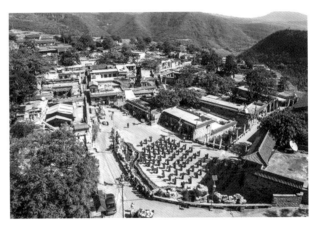

图15 王硇村节庆活动
来源：李自岐 摄

图16 电影《原祸》在王硇村拍摄
来源：李自岐 摄

图17 电视剧《海边女人》在王硇村拍摄
来源：李自岐 摄

山西省晋城市阳城县润城镇上庄村

示范方向： 整体保护类、活化利用类、公共参与和管理类

供稿单位： 阳城县住房和城乡建设管理局

供稿人： 王晋强

专家点评

上庄村围绕保护、开发、利用三条主线，实施生态修复、产权置换、古建维修、村落活化四项工程，推动古村落保护利用。上庄村采用产权置换、产权流转和使用权租赁等方式，回收和流转院落民居约15000平方米，为实施保护修复利用创造条件；成立"乡村文化研究室"，深挖传统文化，推出阳城鼓书、中庄秧歌、打铁花等多种文化演艺节目；充分调动村民积极性，让村民从"人人知晓"向"人人参与"转变，确保保护活化利用工作持续健康发展。

图1　上庄村鸟瞰
来源：上庄村村委会

1 案例概况

1.1 区位

上庄村位于山西省晋城市阳城县东北的可乐山脚下，地处沁河古堡古村落群最核心部位，在太行古堡文物密集区保护利用板块中拥有衔接东西、贯通南北的独特区位优势,方圆4公里之内的高速公路出口多达三处，交通便利，往来快捷。

1.2 资源概况

上庄村是住房和城乡建设部、国家文物局等部委公布的第四批中国历史文化名村、第一批中国传统村落，拥有"中国景观村落""中国美丽休闲乡村""中国优秀古村镇"等美誉。全村现保存以明万历年间太子太保吏部尚书王国光故居为代表的官宅民居30处，古河街1条，古街巷6条，古井泉7处，古树18株，古石坝1800米，古寨遗址12000多平方米；省级非物质文化遗产保护项目2项，县级非物质文化遗产保护项目1项。上庄村古建筑群整体为山西省文物保护单位，列入"晋城古堡申遗"重点，依托古村落保护活化利用打造的天官王府为国家4A级旅游景区。

1.3 价值特色

上庄村从隋唐建村到明清崛起的近千年里，共走出五位进士、六位举人、贡监生员达数百人。解放战争时期，这里还是太岳军区被服厂所在地。古民居建筑遗存丰富，跨越宋、元、明、清四个朝代和民国时期，历史序列完整，遍布红色基因，有"古民居博物馆"和"中国民居第一村"之美称。

图2　上庄古村落近景
来源：上庄村村委会

2 实施成效

2.1 实施组织和模式

上庄村以村党支部牵头，围绕保护、开发、利用三条主线，实施生态修复、产权置换、古建维修、村落活化四项工程，夯实发展基础。成立村办集体企业——阳城县天官王府旅游景点管理处，主导乡村旅游运营；出台奖励措施，鼓励村民返村创业，引导民间资本投入，在此基础上，完成"东道主"向"店小二""娘家人"的角色转变；引进山西文旅景区运营管理有限公司，对天官王府托管运营，实现古堡文物管理权和经营权分离，为加速古村落活化利用注入活力。

2.2 实施内容

上庄村采用"村集体投资+民间资本"共同发力的方式，推动古村落保护利用。实施环村绿化，修复生态环境；制定保护措施，组织村民回迁居住，还原生活气息；实施燃气、供热、污水管网建设，村内道路全面进行了硬化、绿化、美化、亮化处理，架空线缆进行了地埋式处理；完善游客中心、生态停车场、旅游厕所等乡村旅游配套设施；实施人居环境品质提升工程，打造宜居、宜业、宜游的和美乡村。

2.3 实施成效

上庄村形成了历史文化名村保护和乡村旅游多元化投入机制，历史建筑得到有效保护，基础设施达到了国家4A级旅游景区标准。村民们通过参与乡村旅游得到了实惠，增强了基层组织凝聚力，古村落留住了乡愁。

图3 国家4A级旅游景区天官王府
来源：上庄村村委会

图4 保护修缮后的元、明、清及民国等不同时期的古民居
来源：上庄村村委会

3 示范经验

3.1 整体保护方面

经验1：统筹各类规划，整体协调村落保护。

上庄村将历史文化名村保护规划、新农村规划和旅游规划有机衔接、统筹谋划；对文物古迹、传统民居、城墙、堡楼、古井、古磨、古树、古商道、古遗址等进行系统性保护，使古村落传统格局、历史风貌、自然田园景观等得到整体呈现。

经验2：分类施策，捋顺产权，为保护利用创造条件。

上庄村结合村民需求分类施策，采用产权置换、产权流转和使用权租赁等方式，回收和流转重点院落古民居产权约15000平方米，为实施保护、修复、利用创造条件。

图5 村口整治前后对比
来源：上庄村村委会

图6 古河街整治前后对比
来源：上庄村村委会

3.2 活化利用方面

经验3：深挖传统文化，推出多样文化演艺节目。

上庄村成立乡村文化研究室，对村内科举、商贾、古堡、民俗等文化、非遗文化等进行系统性挖掘。将古村历史人物、民俗故事与非遗演艺相结合，推出了阳城鼓书、中庄秧歌、打铁花、传统婚俗表演和《王府往事》沉浸式实景演艺节目等，建设了王国光改革和廉政文化体验园，成功申报2项省级非物质文化遗产和1项县级非物质文化遗产保护项目。

经验4：打造影视基地，带动经济创收，提升知名度。

上庄村依托原生态的古街、古巷、古院落，建设影视基地，先后有《烽火别恋》《战将周希汉》《铭心岁月》《白鹿原》《立秋》等三十余部影视剧在此取景拍摄，以剧组入驻的方式拉动人气，带动群众演员增收，提高古村的知名度和影响力。

经验5：塑造美食品牌，增强村民文化认同感。

上庄村深挖发源于当地的"王府八八筵""麦芽枣糕""石磨煎饼"等美食文化；其中，对"王府八八筵"历史进行多层次、全方位研究，持续性挖掘其历史故事、文化价值、精神内涵，着重宣传"胡适一品锅"取得的重大成果，如今，"王府八八筵"已然成为上庄村一张出彩的名片；严格按照山西省质量技术监督局出台的《阳城八八筵席制作规范》《泡麦面枣糕制作规范》等，加强对餐饮企业的动态监管，让传统美食文化成为带动百姓致富增收的重要引擎。

图7 实景演艺节目《王府往事》

图8 古村夜游项目
来源：上庄村村委会

图9 廉政文化展馆
来源：上庄村村委会

图10 省级非物质文化遗产——"王府八八筵"

3.3 公众参与和管理方面

经验6：从"人人知晓"到"人人参与"，调动村民参与积极性。

党员志愿服务深入到历史文化名村保护和乡村旅游政策法规宣传、资源保护、卫生监督、假日执勤等各个环节，有效调动农民的积极性、主动性和创造性，使历史文化名村保护活化利用从"人人知晓"向"人人参与"转变，确保了保护活化利用工作的持续健康发展。

经验7：一张蓝图绘到底，古村保护不断传承接力。

上庄村坚守"一张蓝图绘到底"的理念。二十年来，村级领导班子换了一茬又一茬，前后历经五位村主任，但古村落保护的接力棒从未掉棒，一任接着一任干，保护工作得以延续传承。

经验8：弘扬好家风，传承凝聚村落精神。

上庄村坚持产业发展和村落文化建设相结合，把大力弘扬社会主义核心价值观和村内历史文化名人的改革创新精神、廉政精神、慎独精神、治家理念和家风家训相结合，将好家风培育融入党员群众的日常教育中，增强了村民们的自豪感和文化自信。王姓"慎独"家风曾入选中央大型纪录片《记住乡愁》，由此也涌现出一批批"幸福家庭""平安家庭""五星级文明户"等先进典型，示范带动全村向上向善、文明诚信的正能量。

图11　省级非物质文化遗产——"中庄秧歌"演唱

图12　民间社火巡游

图13　党员带头、群众参与环境整治
来源：上庄村村委会

浙江省丽水市缙云县新建镇河阳村

扫码观看视频

示范方向： 整体保护类、技术方法创新类、公众参与和管理类

供稿单位： 缙云县河阳古民居保护开发管理中心

供稿人： 项一玻

**专家
点评**　　河阳村整体保护了村落空间风貌，村内文物保护单位众多。面对保护任务，技术难度大，河阳村积极探索传统建筑修缮技术创新，安装应用智慧消防系统，科学有效保护古民居，构建了分级、到人、全覆盖的遗产管理模式，形成了可示范的典型经验。同时，河阳村对村内各类建设活动、生产经营活动制定监管措施，做到了遗产保护制度化；积极加大企业投资，鼓励村民参与保护治理，走上了文化保护与经济协调发展之路。

图1　河阳村整体鸟瞰
来源：缙云县河阳古民居保护开发管理中心

1 案例概况

1.1 区位

河阳村位于缙云县新建镇西北2公里，区位条件优越，交通便捷。河阳村距离高速出口金丽温高速收费站仅9.1公里；1小时高铁交通圈可以到达周边的丽水、温州、金华、衢州等市、镇，2小时高铁交通圈可以到达包括杭州、绍兴、宁波、嘉兴、湖州、上海等在内的长三角众多城市；距莲都区在建机场仅45公里。

1.2 资源概况

河阳村现保存古祠堂15座，古庙宇6座，古石桥1座，明清及民国时期传统古民居计1500余间，其中国家级文物保护单位27处，县级文物保护单位19处。河阳村环境优美，村庄整洁，具有"四灵"俱全的山水形态，是丽水市十大养生长寿村之一。

1.3 价值特色

河阳村是一个以宗族血缘为纽带、聚族而居的千年村落。村中现存古建筑多为明清建筑，"一溪两坑、一街五巷"的村庄布局乃元代形成。独具匠心的古建筑营建技艺，独树一帜的剪纸、刺绣、织带等传统工艺，比比皆是的古雕刻、古壁画、古楹联、古匾额，历史上农民义军的遗迹和各类旧时民俗日用品，以及古朴淳厚的民风民俗，构成了目前江南现存规模最大、历史延续时间最久、宗族文化最深厚的古村落。

图2　河阳局部风貌
来源：缙云县河阳古民居保护开发管理中心

2 实施成效

2.1 实施组织和模式

河阳村在运行机制方面建立了"政府主导，市场运作，企业投资，农民参与"的投资融资模式；在体制机制方面形成了上级财政资金引导、当地财政资金配套、社会资金补充的资金投资机制。通过项目创新、业态引入、产品丰富、设施完善等手段，河阳村打造以文化体验、慢生活休闲、农旅融合为核心吸引力的乡村旅游休闲度假目的地。

2.2 实施内容

河阳村对村内古建筑、古道进行修复与改造，累计完成81幢古建筑的顶瓦修复，68幢古建筑的墙体加固，20幢古建筑的内部改造，古道修复约9905平方米。河阳村做好关于河阳古村落保护发展的规划设计，挖掘、传承优秀特色文化，以古建筑为载体打造各类展馆，实现古村落的活态传承，如河阳剪纸馆、耕凿遗风四合院、独角台场、李震坚故居等。在基础设施建设方面，河阳村实施了生活污水治理工程、保护性迁移安置项目、乡土建筑消防安全工程等。

图3 河阳马头墙群
来源：缙云县河阳古民居保护开发管理中心

2.3 实施成效

河阳村通过项目的实施，吸引了累计8万人次以上的游客，年均净效益达到450万元，促进河阳村的跨越式发展；完善生活垃圾、"六线"下地等建设项目，使村容、村貌得到根本性改观。河阳村相继获得"首批中国传统村落""全国重点文物保护单位""中国历史文化名村"等称号，并于2020年初成功创建国家4A级旅游景区，知名度、荣誉度不断提升。

图4　河阳村局部鸟瞰
来源：缙云县河阳古民居保护开发管理中心

图5　河阳村岩西公路入口处
来源：缙云县河阳古民居保护开发管理中心

图6　河阳剪纸馆
来源：缙云县河阳古民居保护开发管理中心

图7　河阳鼓
来源：缙云县河阳古民居保护开发管理中心

图8　河阳村八士门街
来源：缙云县河阳古民居保护开发管理中心

图9　河阳朱氏祭祖大典（舞龙）
来源：缙云县河阳古民居保护开发管理中心

3 示范经验

3.1 整体保护方面

经验1：保护修缮规范化，保持风貌整体性。

河阳村贯彻"保护第一、加强管理、挖掘价值、有效利用、让文物活起来"的新时代文物工作方针，加强历史文化遗产的保护力度，抢救濒危的历史文化遗产，合理利用历史文化遗产的文化价值。

历史文化保护区内的重点保护单位以保护为主，其他传统建筑外立面应加强维修和整治，在不破坏整体结构的前提下适当整修内部。保护区内不符合历史风貌的建筑主要以外立面整治为主；部分对传统风貌影响较大的建筑，如改造无法达到满足历史风貌要求的，必须予以更新或拆除。

经验2：细化保护管理分区，加强建设管控。

河阳村加大历史文化保护区的管理力度，查处违章建筑，按照保护规划的要求，对建筑高度、建筑密度、容积率等指标进行控制；在建筑立面风格、地块周围环境协调的前提下，增大地块内部的绿地、庭院空间，适当降低保护区的建筑密度和容积率。

保护范围划分为重点保护区和风貌协调区。重点保护区的历史街区、传统民居、街巷及环境基本不受破坏，如需改动，必须严格按照保护规划执行，并经过有关部门审核批准；风貌协调区内各种修建活动应经文物主管部门等的批准，审核同意后再进行，其修建内容应根据保护要求进行，使得其与重点保护区内的保护对象之间有合理的空间、景观过渡。

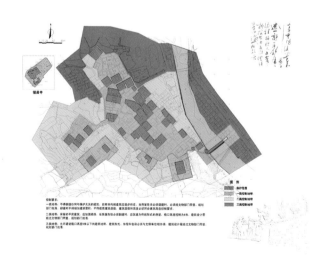

图10　文物保护规划图
来源：缙云县河阳古民居保护开发管理中心

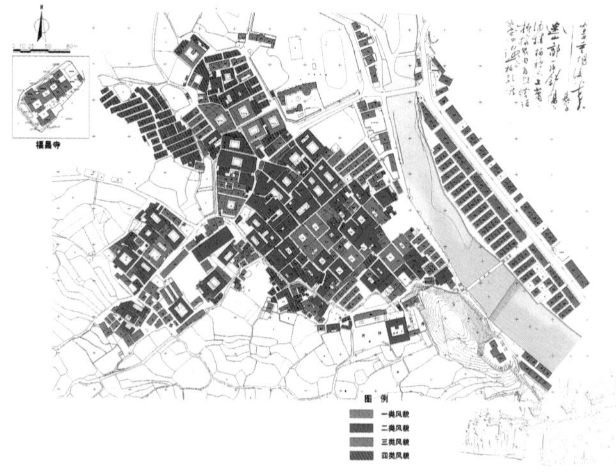

图11　建筑风貌保护图
来源：缙云县河阳古民居保护开发管理中心

图12　农家小院改造前后对比
来源：缙云县河阳古民居保护开发
管理中心

图13　农家地景改造前后对比
来源：缙云县河阳古民居保护开发
管理中心

图14　古建筑牛腿（梁托）
来源：缙云县河阳古民居保护开发管理中心

图15　古壁画

图16　"循规映月"宅
来源：缙云县河阳古民居保护开发管理中心

图17　同春路古壁画
来源：缙云县河阳古民居保护开发管理中心

3.2 技术方法创新方面

经验3：安装智慧消防系统，建设智慧古民居。

河阳村的文物保护建筑材料均为土木、砖木结构，建筑内部展览物、可燃家具、仓储物较多，火灾荷载大。为做好河阳文物消防安全保护工作，河阳村实施了"河阳村乡土建筑"消防安全工程（二期），特别是安装智慧消防系统，主要以物联网综合管理平台为轴心，以智能用电系统、智能烟感管理系统、智能消火栓管理系统、智能水压检测系统等为主导，具有低成本、高效率、高标准、高可靠性、易安装和易维护的特点，从而改变了传统的消防管理模式，积极打造"智慧河阳"古民居。

经验4：组建特色行动专班，落实网格化消防管理。

河阳村组建消防安全大排查、大整治工作行动专班，以河阳村为单位，划分14个基础网格，积极协调各方力量，构建"分级管理、层层履责、一岗双责、责任到人、全面覆盖"的网格化管理模式。每个网格配有1～2名志愿消防队员，这支民间消防志愿队伍是网格的基础力量，队员每天要对河阳进行3次消防安全巡逻，并且实行24小时值班制。

目前，河阳村依托这种特有的消防网格化管理制度，组织起严密消防管理网格。硬件上，触角延伸到每个四合院，消防安全设施配备齐全；软件上，各网格员积极做好本网格内安全生产、矛盾纠纷违建处理、平安巡逻等工作，真正成为一支大家放心、村民信赖的专业网格队伍。

图18　浙江省消防救援总队到河阳村调研
来源：缙云县河阳古民居保护开发管理中心

图19　河阳村消防演练
来源：缙云县河阳古民居保护开发管理中心

图20　日常巡查
来源：缙云县河阳古民居保护开发管理中心

3.3　公众参与和管理方面

经验5：提升基层治理能力，构建精细化管理体系。

网格化管理推动乡村治理，提高村民参与公共事务的意识，"小事不出格，一般不出村，大事不出镇"，提高了河阳村基层治理能力。

河阳村采取横向到边、纵向到底，以块为主，做到"规范透明、上情下达"的指导思想，将本行政村划分为14个基础网格，实行"一格一长"制，村党总支书记任总网格长，村"双委"成员分别任各单元网格员，各单元网格成员由1名管理中心干部、2名网格协管员、1名村消防员组成。

河阳村做好网格内日常环境卫生的监督、管理工作，提高入户频率，积极开展政策宣传，正确引导群众，排查化解隐患，倡导文明新风。

经验6：进贤任能，以点带面，推动非遗文化传承创新。

河阳村传承挖掘非遗技艺，弘扬民间艺术、传统民俗表演、家谱文化等非物质文化遗产，鼓励居民进行民间工艺品的生产、交易、收藏和展示活动，以特色文化为载体，突出重点、打造亮点、传承创新。"河阳剪纸""河阳古建筑营建技艺""独角台场"等文化项目已被收录进省级非物质文化遗产名录，"轩辕黄帝暨义阳朱氏祭祖大典""织带"等列入市级非物质文化遗产名录；召集村里特色文化发展的带头人、爱好者以及非物质文化遗产的传承人，为特色文化村的建设与发展献计献策；挖掘民俗特色文化活动，如"唱莲花""推车""台阁""三十六行""十八狐狸"等。

图21　省级非物质文化遗产——河阳剪纸
来源：缙云县河阳古民居保护开发管理中心

图22　省级非物质文化遗产——婺剧表演
来源：缙云县河阳古民居保护开发管理中心

图23　河阳民俗特色活动——推车
来源：缙云县河阳古民居保护开发管理中心

10 江苏省南京市高淳区漆桥街道漆桥村

示范方向： 整体保护类、技术方法创新类、公共参与和管理类

供稿单位： 南京市规划和自然资源局、南京市高淳区人民政府漆桥街道办事处

供稿人： 王昭昭、刘璐、李新建、黄琪、陈翔

扫码观看视频

专家点评

漆桥村以"山—村—田"融合共生为整体保护思路，保护鱼骨状的街巷格局，保留活态生活村落，呈现了江南传统村落的特有味道。在保护建设中，漆桥村积极培养地方传统工匠，提高建筑修缮能力，总结地方传统建筑营造技艺，把传统建筑修缮技术作为非物质文化遗产加以保护和传承；系统改善水系水生态，提升基础设施水平，人居环境全面优化，以公司化负责老街区日常管理及重点项目投融资、建设、运营，快速提升了传统村落活力、魅力和吸引力。

图1 漆桥村整体鸟瞰
来源：南京市高淳区人民政府漆桥街道办事处

1 案例概况

1.1 区位

漆桥村坐落于南京市高淳区东北部，距南京主城区约90公里，因相传西汉末宰相平当在村中河上建造丹漆木桥以利交通而得名，是历史上联系南京与苏南、皖南间的驿路要冲。

1.2 资源概况

2013年漆桥村被评为"中国传统村落"，2014年被评为"中国历史文化名村"，2020年入选"江苏省传统村落"，现有市级文物保护单位1处，县级文物保护单位3处，一般不可移动文物29处，市级历史建筑7处，区级非物质文化遗产2项，以及家谱家训、老字号、手工技艺等在内的众多文化资源。

1.3 价值特色

漆桥村西汉建村，是连通南京与苏杭、宣徽地区的驿路要冲；明清兴市，呈现出沿驿路伸展的商业市镇格局和街巷建筑；繁衍千年，漆桥村是得到衍圣公府承认的江南孔氏家族聚居地；这里景观优美，拥有反映历代农田水利建设的环村水系和圩田。

图2 漆桥老街风貌
来源：南京市高淳区人民政府漆桥街道办事处

2 实施成效

2.1 实施组织和模式

实施组织：高淳区人民政府成立南京漆桥老街文化产业发展有限公司，负责日常管理与重点项目的投融资、建设、运营等工作。

资金模式：漆桥村采用政府投资与孔氏宗亲筹资、引进工商业资本和村民出资相结合的模式：村内基础设施更新以政府投资为主，危房修缮以政府与居民个人出资相结合的模式，出资比例为7：3（政府70%，个人30%）；孔氏宗祠等孔氏文化设施的建设费用主要由高淳孔子后裔联谊会筹措。

2.2 实施内容

漆桥村已先后启动三轮修缮工程，包括水系连通、旧宅修复、道路改造、街巷界面铺装恢复、雨污分流、管线入地等工作，投入130余万元开展古村消防工程建设，投资380万元用于周边环境整治，完成南北大河清理并建设外围污水管网800余米、小型修补工程10多处，建造污水处理站、节制闸各1座，新开挖水渠1条。

2.3 实施成效

格局风貌完整留存。漆桥村严格落实保护规划，鱼骨状街巷格局保存完好，对不可移动文物严格按照"修旧如旧"的原则进行修缮。

传统生活氛围延续。漆桥村内现有住户297户，常住人口约970人，店铺193间。漆桥老街保持"前店后宅"的模式，延续了富有生气的传统生活状态。

文旅融合成效显著。漆桥村坚持"文旅融合、传承发展"的原则，活化利用历史文化资源，为非物质文化遗产等民俗文化提供展示空间，年接待游客约30万人次，成为江南孔氏文化中心，入选"最江南"长三角乡村文化传承创新典型村落。

图3　漆桥老街街口
来源：南京市高淳区人民政府漆桥街道办事处

图4　漆桥老街上的杂货铺与陶瓷铺
来源：南京东南大学城市规划设计研究院有限公司

3 示范经验

3.1 整体保护方面

经验1：坚持整体性保护，"山—村—田"和谐共生。

漆桥村处于古丹阳湖-游子山之间的缓坡地带，漆桥村-游子山之间的视线通廊是整体山水格局保护的重要对象。保护规划严格控制视线通廊沿线的建筑层数不超过两层，檐口高度不超过7米，保护"山—村—田"共生的和谐景观。

经验2：突出保护优先，保护与发展统筹协调。

保护规划实施前，宁宣高速原选线方案会破坏村西圩田肌理与优美开阔的自然景观，且涉及西南侧村民搬迁。保护规划实施后，按照"保护优先"的原则，高速选线向西调整，避开漆桥村保护规划范围，使村落及周边自然景观的整体协调关系得以完整保存。

经验3：坚持活态传承，保留原住居民、原生态技艺。

漆桥村坚持最大限度保留原住村民，保留铁匠铺、竹篾店、粉丝坊、豆腐坊、酒坊、杂货铺等传统店铺，以及老式竹篾匠、手工木雕艺人等传统工匠，做好传统商业与手工业的活态传承。

图5 漆桥村传统建筑修缮前后对比
来源：南京东南大学城市规划设计
　　研究院有限公司

图6 漆桥老街改造前后对比
来源：南京市高淳区人民政府漆桥
　　街道办事处

3.2 技术方法创新方面

经验4：传承营造技艺，精细化修复院落、管控风貌。

漆桥村通过重点测绘和全面调查，研究编制《漆桥传统建筑测绘图集》和《漆桥传统建筑做法研究报告》，系统总结了乡土建筑形制和营造技艺，确定精细化的风貌控制要求，并据此对村内大量荒废倒塌的民居院落进行了原位格局复原与修缮设计，增加了实际居住面积。

经验5：创新消防研究，探索基于价值保全的火灾防蔓延措施。

在保护规划确定的空间格局和建筑分类保护整治措施基础上，漆桥村创新开展数字仿真模拟研究，分析街巷空间形态、建筑外立面材质与火灾蔓延路径、速度及其导致的历史文化价值损失量的关联性，为漆桥村量身定制了消火栓等消防水系统布局，以及以山墙面门窗为重点的建筑控制和改造措施，以减少火灾中的价值损失。

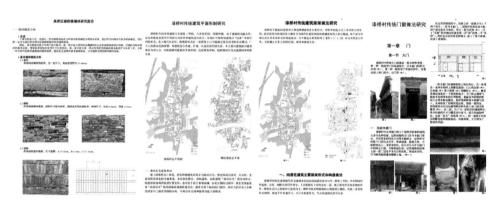

图7　漆桥村传统建筑做法研究报告
来源：南京东南大学城市规划设计研究院有限公司

图8　漆桥村火灾扩散范围模拟图
来源：乐志，李新建. 基于元胞自动机模拟的历史聚落火灾蔓延及其价值损失分析方法——以中国历史文化名村南京漆桥村为例[J]. 建筑与文化，2021，202（1）：114-116.

3.3 公众参与和管理方面

经验6：弘扬孔氏宗族文化，以良好家风促进文明乡风。

漆桥村成立高淳孔子文化研究协会与高淳孔子后裔联谊会，主导孔氏宗祠的复建、江南儒学文化中心等项目的建设，以及孔氏祭祖仪式、家谱续编等事宜，积极弘扬孔氏"知礼好义"的优良家风，推进漆桥村乡风文明建设。

经验7：重视基层社会力量，以历史文化丰富老年生活。

关注漆桥原住老年村民，组织漆桥老年志愿服务大队，为村内老人提供基本健康、休闲娱乐等关爱服务。结合传统风貌建筑设立漆桥老年活动中心，定期组织老年人开展非遗民俗文化活动，充分利用历史文化资源，激发漆桥原住村民共建魅力名村的积极性。

图9　孔子世家谱高淳地区续修工作会议（家谱续编）
来源：南京儒家礼仪研究会、高淳孔子文化研究协会

图10　漆桥村老年志愿服务大队
来源：南京市高淳区人民政府漆桥街道办事处

图11　以座谈会形式察民情、访民意
来源：南京市高淳区人民政府漆桥街道办事处

图12　组织老年人观看非遗民俗表演
来源：南京市高淳区漆桥街道办事处

河北省邢台市信都区路罗镇英谈村

示范方向： 人居环境改善类、活化利用类、技术方法创新类

供稿单位： 邢台市信都区住房和城乡建设局

供稿人： 路志勇

专家点评 英谈村是典型的太行山小山村，乡村聚落依山而建，整体被列入省级文物保护单位。村委会组织村民开展古村保护，把"就地选材"作为风貌修缮的重要方法，传承了传统建筑技艺，对传统建筑进行全面修缮，展示了太行山地区独特的风土景观；因地制宜开展山区基础设施改造，创新施工建设技术，村庄人居环境大大提升，乡村旅游让老百姓受益，让乡村得到了振兴。

图1 英谈村全貌
来源：路志勇 摄

1 案例概况

1.1 区位

英谈村是个典型的山村，坐落在邢台市区西部山区，位于太行山东麓，距邢台市区70公里。

1.2 资源概况

英谈村始建于明朝永乐年间（1403～1424年），至今有六百多年的历史。村内67处院落依山就势，高低错落，具有错落的建筑形态和典型的古太行建筑风格，是目前河北省发现保存最完好的石寨之一，现存有东西南北四个寨门、2000多米的古石寨墙、纵横交错的河道和36座古石桥等，是研究明清冀南太行山东麓地区风土人情的重要历史遗迹，是集堂院文化、河桥文化、抗战文化为一体的太行山区红石寨，素有"江北第一古石寨"之称。英谈村在抗战时期曾是八路军总部和冀南银行总部所在地，文化深厚、古风今韵。

英谈古村落现有保存完好的明清古建筑67处、古街巷6条、石板古道6条（2200米）、古水系2条、古建筑遗址10872平方米、清代古徽道1000平方米、古河道约2500米、古墓葬6座等，其中省级文物保护单位1处（英谈村）。

1.3 价值特色

英谈村的价值特色体现在以石楼建筑文化、宗族文化、河桥文化、抗战红色文化为一体的太行山区红石寨。英谈村是一个以山水格局为依托，以"堂、寨、巷、桥，树、田、井、河"八大特色元素为文化载体，以生态艺术为核心，兼具黄巢文化、抗日文化、宗堂文化等多元文化为一体的生态艺术古村落。

图2 英谈村鸟瞰
来源：路志勇 摄

2 实施成效

2.1 实施组织和模式

英谈村主要采取"政府—村委会—专家—村民"共同参与的模式。政府组织编制历史文化名村的各类保护和发展的相关规划和文件，申报项目和资金，主持编制项目实施方案，负责项目实施过程的管理与监督，组织协调村民的实际困难；村委会承担日常保护、修缮的责任；公推党员代表和村民代表，在英谈村"村规民约"的指导下，积极配合公益事业，做好本村村民的宣传引导。

2.2 实施内容

按照规划保护开发与历史文化内涵、特色旅游综合开发相结合的设计原则，建筑修缮中应尽量选择当地材料，悬挂保护标识，实行挂牌保护。英谈村按照保护类建筑、保留类建筑、重建类建筑三种类型，对历史建筑和传统院落进行五次修缮保护，修缮古寨墙约1200米、古民居约8200平方米、古街道约3000平方米、古河道约2300米、门窗800个。

2.3 实施成效

经过近几年的保护开发，旅游业成了英谈村的支柱产业，集体年收入由原来的3万增加到现在的170多万，农家院发展到20多家，从事旅游就业人数150多人，全村村民旅游年收入达到100多万。英谈村已荣获"中国历史文化名村""中国景观村落""中国传统村落""全国乡村旅游旅游重点村""全国美丽宜居村庄""全国文明村""河北省乡村旅游重点村"等荣誉称号，知名度、荣誉度不断提升。

图3 英谈民居
来源：路志勇 摄

图4 民居夜景
来源：路志勇 摄

图5 游客
来源：路志勇 摄

3 示范经验

3.1 人居环境改善方面

经验1：完善基础设施建设，提升村落人居环境。

英谈村铺设污水管网、完善村庄污水排放系统；厕所改造，根据情况对街面、旅游路线上的旱厕进行拆除，并修建公共厕所方便群众和游客使用，其他户则改造为水冲式厕所；安装仿古式路灯，突出英谈村的特色；梳理村庄线路，对村内电线、电杆进行改造，采用地埋式等隐蔽方式入户，确保村内无明露线路。

英谈村在保护街巷历史格局和空间尺度的基础上，破除古石板道上后加的水泥路面，采用传统的路面材料及铺砌方式进行整修，恢复村内2000多米古石板道路。对村内的供水管道进行改造，配套污水收集管网和处理设施、氧化塘，建设微型消防站和消防水池，在村内各处配置消火栓、灭火器，保障传统建筑安全。

经验2：突出品质品位，精细打造，优化村落景观风貌。

英谈村围绕"净"，实施环境整治工程；坚持精细打造、精准提升，实施环境卫生整治"四统一"，打造整洁、美观、舒适整体环境。

英谈村从外部环境打造着手，建设集"水、路、灯、园"于一体的"124"景观工程：①打造1条景观水系；②建设2条灯带，一条为在贵和堂青石楼建筑群及周边安装1000米仿古景观灯带，成片布置彩色灯带；一条为沿路安装仿古路灯180余盏，悬挂、更换灯笼600余个；③建设四大特色节点，按照"一园一节点，一园一特色"的思路，打造4个特色游园。

围绕品位实施文化提升工程。英谈村以传统文化、红色文化、太行民居文化为依托，对重点院落进行修整打造、品位提升，不断增加英谈文化魅力和历史气息。

图6　安装污水管道
来源：路志勇 摄

图7　铺设石板
来源：路志勇 摄

3.2 活化利用方面

经验3：强化旧址保护修缮，彰显红色文化魅力。

对汝霖堂（八路军总部旧址）、冀南银行旧址进行保护修缮利用。英谈村对窗户、窗棂、墙体、房顶进行修缮保护，开展红色文化教育展示，打造抗战司令部、陈列抗战时期留下的各种物品，设置红色纪念品售卖处、纪念照片拍摄服务处；对冀南银行旧址进行修缮保护，建成冀南银行展馆，展示中国红色金融历史，按时间顺序展示抗战时期和新中国成立后的钱币，记录中国人民银行成长历史。

经验4：推动闲置空间利用，提升集体和村民收入。

村集体充分发挥旅游业带动系数大、就业机会多、综合效益好的积极作用，租赁村民闲置房屋70间，进行修缮保护，打造八路军总部旧址（汝霖堂）、冀南银行展馆、英谈村红色文化馆、英谈村历史文化馆、英谈照相馆、英谈书局等场馆，鼓励村民对闲置房屋进行修缮保护，扶持村民利用闲置房屋125间开办农家院20余家，增加村集体和村民收入。

图8 冀南银行总部旧址
来源：路志勇 摄

图9 冀南银行展馆
来源：路志勇 摄

图10 英谈村村史馆
来源：路志勇 摄

图11 英谈村历史文化馆
来源：路志勇 摄

3.3 技术方法创新方面

经验5：因地制宜，加强传统工艺与新型材料有机融合。

英谈村历史建筑房顶都采用当地红砂岩石板，因年代久远，部分房顶石板出现破损漏水的现象，导致梁、檩、椽腐烂，在修缮保护过程中，首先更换腐烂的梁、檩、椽，加盖苫板，按照传统工艺，在苫板上苫盖新型防水布，再铺设一层稻草泥，最后铺设石板。苫盖防水布后能防止因石板破损导致的漏水，以及梁、檩、椽腐烂等引起的房屋坍塌。这项修缮技术将传统工艺和新兴建筑材料相结合，在保护修缮中效果甚佳。

经验6：结合新工艺新技术，提升传统建筑稳固性。

英谈村部分房屋因地基基础差、易坍塌，在整体修缮过程中应采用新工艺，使用新材料，将传统工艺和新兴建筑材料相结合。地基外围使用当地红砂岩石，内部使用钢筋水泥，形成一个整体圈梁；在墙体建设中，外围使用当地红砂岩石，内部采用红砖，中间填充水泥砂浆。这项技术的革新既保证了新建建筑与古村落风貌一致，又增强了建筑的牢固性。

图12　保护修缮
来源：路志勇　摄

图13　保护修缮中
来源：路志勇　摄

图14　保护修缮后
来源：路志勇　摄

12 江西省抚州市金溪县合市镇游垫村

示范方向： 人居环境改善类、活化利用类、技术方法创新类

供稿单位： 金溪县住房和城乡建设局

供稿人： 秦晓东、黎方

专家点评 游垫村把高校师生、企业、乡贤引入古村，办论坛、建数馆、搞认修，让社会力量加入到古村落保护活化中，把现代艺术与历史环境有机结合，呈现出了新的历史文化场景，使历史文化环境更具艺术魅力。在传统建筑的修缮中，游垫村一方面采取托管制，解决钱从哪里来、今后怎么用、业态如何治理等问题，另一方面组建修缮合作社，采用工匠牵头制，实现保护修缮专业化、科学化。

图1 游垫村鸟瞰
来源：孙庆 摄

1 案例概况

1.1 区位

游垫村隶属于江西省抚州市金溪县合市镇，距县城约8公里，有一条乡道通往316国道。村子坐北朝南，坐落在平缓的山坡上，遥对崇岭峰，背靠后龙山，构成了细腻的山村居住景观特色。游垫村北连金溪县全坊村、大坊村、竹桥古村等，是走进金溪县众多古村的一个门户。

1.2 资源概况

游垫村内古建筑众多，省级文物保护单位1处，由村东向西依次是节孝牌坊、胡氏祠堂、大夫第门楼、尚书府门楼、进士第门楼等。村内现有明清古建筑38幢，是一个具有独特"明朝"标签的古村落。村中还有两口双井圈古井，四季水质甘甜。

1.3 价值特色

①建筑文化价值：游垫村较为完整地保留了我国明代赣派古村的风貌，古建筑类型繁多，且大多都有明确纪年可考，众巷归一的巷道布局形式独特，可谓穿越历史隧道的"明代建筑博物馆"。

②名人文化价值：游垫村是明朝名臣胡桂芳的故里。胡桂芳与明代戏剧家汤显祖、明万历年间抗倭名将黄朝聘、明后期武英殿大学士蔡国用均有姻亲关系。此外，村子还有诸多名人故事和民间传说。

③艺术文化价值：游垫村古建筑上的砖雕、石雕、木雕等雕饰琳琅满目，花纹品类多样，寓意丰富，宛如雕刻艺术殿堂。

图2 侍郎坊
来源：刘国平 摄

图3 胡氏祠堂石雕
来源：吴敏 摄

图4 总宪第石雕
来源：吴敏 摄

2 实施成效

2.1 实施组织和模式

游垫村构建"政府－智库－企业－村民"共创乡建模式。政府牵头和推动，高校与相关机构作为智囊团，企业运营和管理，引导社会精英、乡贤、村民深度参与共建，凝聚社会各界的力量，有效激发各类资源的高效整合。游垫村借助拯救老屋行动、世界文化遗产保护与数字化高端论坛活动、传统村落集中连片保护工作等国家级、世界级项目的契机，将资源落地、合作落地、建设落地，打造出保护与开发并行、传统文化与现代文明融合的村落，探索"保护产生效益，效益助推保护"的可持续发展路径。

2.2 实施内容

游垫村按照"文化遗产+数字科技+古村古香"多元叠加的建设运营模式，整个古村整体开发、古建筑全部托管、业态深度挖掘。2015年，游垫村启动"金溪传统村落数字博物馆"项目；2016年，第四届文化遗产保护与数字化国际论坛暨"重现生机"数字遗产中国行活动走进金溪，并在游垫村发起古村古宅"认修"倡议活动；2018年，游垫村启动了"拯救老屋行动"，全面加大了修缮力度；2020年4月，立足"世界村"的定位，游垫村携手清华大学清城睿现数字研究院、北京大学文化传承与创新研究院以及武汉大学建筑系等国内一流科研院校打造"戏梦田园、数字游垫"，并对外招商托管，开展古村文化旅游，对传统村落进行充分的活化利用。

2.3 实施成效

"金溪传统村落数字博物馆"已初具规模，赣东民俗馆、文化遗产保护与数字化国际论坛（简称"CHCD"）馆等地标性项目陆续建成，既盘活了资产，又带动了人气。如今，游垫村依托建设成果，逐步由农业单一型产业向多层次、多链条产业发展，现代科学技术与古村落旅游等产业实现有机结合、互促共进，第三产业蓬勃发展，展示出游垫村独特的古村美、田园美、生态美和时尚美。

图5 胡氏祠堂内举办活动
来源：金溪县乡村发展振兴投资集团有限公司

图6 游垫村举办活动
来源：金溪县乡村发展振兴投资集团有限公司

3 示范经验

3.1 人居环境改善方面

经验1：秉持"最小干预"原则，做到精心规划、精致建设、精细管理、精美呈现。

游垫村对村落进行量身打造、统筹规划，在加大对古建筑抢修力度的同时，秉持"最小干预"原则进行发展规划和民居活化利用，核心保护范围内原则上不进行建设活动，避免过度开发、过度设计对环境的破坏。尽量保持村落原生态，塑造更高的审美格局，成为文化体验、艺术创作目的地。

经验2：融入现代生活，营建村落田园综合体。

游垫村充分释放人文魅力，通过打造古村落田园综合体，让金溪以更鲜明的本土特色走向世界舞台。游垫村的住宅建筑可以划分为展示类和生活类，展示类建筑将赣东地区传统建筑的精髓元素凝练，通过实物呈现、立体展陈方式，进行集中展出；生活类建筑则尝试采用传统与现代融合，使建筑形式上传统化，功能上现代化，在优化村民居住空间的同时，也能提高游客对游垫村的满意度。

图7　游垫村全景
来源：孙庆 摄

图8　赣东民居研学馆
来源：吴敏 摄

图9　CHCD馆内咖啡厅
来源：吴敏 摄

经验3：提高村民自主性，基于环境保护强化村落人居建设。

游垫村要改善村民的思想认识，提高村民环保生态意识和公共意识，提高村民的主动性、参与性，鼓励村民参与传统村落保护、开发、管理、决策等重要事项，做到以发展为导向，以保护文化遗产、传统风貌、特色环境、生态特征为核心，挖掘传统村落多元化价值，把传统村落发展的着眼点落在生态服务型经济上来。游垫村的村容村貌也迎来美丽蝶变，改厕率达100%，拆除猪牛栏72间、旱厕22间、杂间2间，面积达1120平方米。

图10 村内居民生活场景
来源：吴敏 摄

图11 村内入口步行道
来源：全溪县乡村发展振兴投资集团有限公司

图12 村内公厕
来源：吴敏 摄

3.2 活化利用方面

经验4：数字赋能，建设数字化"未来古村"。

游垫村精准定位，树立数字科技古村独特品牌知识产权（IP）；整合文化遗产与数字科技融合发展的成果，形成"文化遗产+数字科技+古村古香"多元叠加的发展格局，将游垫村打造成一个通过文化、学术、科技来对话国际的"未来古村"。

经验5：创新机制，整体托管，加强常态化运营管理。

一方面，健全组织体系，完善管理制度，县政府成立了"老屋办"、古村保护协会、乡投等，明确工作专班，让工作有章可依。另一方面，合市镇人民政府将游垫村老屋整体托管给金溪县腾飞旅游建设有限公司，并签订托管协议，以每年300元一幢的房屋价格一次性出租70年，房屋产权仍归村民，70年的使用权归政府所有。该公司在这些古建筑里植入不同的业态，入驻各种农村手工业，利用古建筑改造成小作坊、小超市等，吸引游客、研学和团建等群体。

图13　总宪第内展示
来源：金溪县乡村发展振兴投资集团有限公司

图14　戏剧民宿馆内展示
来源：金溪县乡村发展振兴投资集团有限公司

图15　CHCD馆内开展活动

图16　村内泥塑区
来源：金溪县乡村发展振兴投资集团有限公司

经验6：多方参与，开展"拯救老屋"行动。

政府引导与公众参与并重、保护传承与整合利用并行，游垫村实施了"抢救一批、开发一批、申请世界文化遗产一批"的项目，并且延伸开展"拯救老屋，抢修屋顶行动""拯救老屋，整改老屋环境行动""拯救老屋，讲好老屋故事行动""拯救老屋，抢救家规祖训民风良俗"等一系振兴项目。

图17　游垫村傍晚全景
来源：朱文荣 摄

图18　村内提升改造后一角
来源：吴敏 摄

3.3 技术方法创新类

经验7：召集老工匠，修复古建筑。

古建筑要修旧如旧，对修复工艺要求很高。为此游垫村在修缮老屋的过程中，非常重视能工巧匠：一是广泛征集民间擅长修复古建筑的工匠，进行专业培训，不断壮大工匠队伍；二是组建合作社，由一个工匠牵头成立一支专业而且固定的维修队伍，参与古建筑的修复；三是从外引进，从浙江东阳、福建莆田等地邀请施工队伍参与本地的古建筑修复。

经验8：利用新科技，创建新场景。

游垫村将数字化美学结合艺术美学，使村落资源实现当代交互体验；依托北京大学文化创意产业研究院，引入数字化技术，结合明代美学激活村落历史文化资源，在游垫村打造"山水田园中的明式幻境，乡土传承里的戏梦人生"，塑造一个全新的沉浸式古村旅游场景。

经验9：新老相融合，古村焕新生。

焕然一新的游垫村以历史厚重的古村为背景，新建了一栋CHCD中心。该建筑的亮点是从传统木作提炼设计语言，以独特外观打造独特地标。建筑整体形象以现代化手法传承当地民居特色，风貌协调、简约而生态。CHCD中心有综合5R产品，打造沉浸式展演空间；在民居研学中心，游客可以在VR（虚拟现实）中漫游古民居，在体验式展览中了解中国古民居的特色和价值。

图19 雪后游垫
来源：刘国平 摄

图20 CHCD馆
来源：金溪县乡村发展振兴投资集团有限公司

福建省三明市尤溪县洋中镇桂峰村

示范方向： 活化利用类、技术方法创新类、公众参与和管理类

供稿单位： 尤溪县住房和城乡建设局

供稿人： 蔡华日、张炜

专家点评

桂峰村是一座极具自然美、人文美的历史文化名村，在保护传承实践中，村委会带领广大党员干部，以古村落"生态宜居"为文化保护和宜居生活的目标，创新"镇—村—投资人"三方协作机制、村民参与机制和收入分配机制。桂峰村以"集中流转"乡村资产为方式，盘活历史文化资源，促进社会资本投资历史文化保护，让新老村民共同治理、相互学习、协同发展。

图1　桂峰村鸟瞰
来源：蔡华日　摄

1 案例概况

1.1 区位

桂峰村曾名桂岭,又叫岭头、蔡岭,始建于宋元,盛于明清,迄今已有七百六十多年历史,是中国历史文化名村之一。桂峰村位于尤溪县洋中镇的东北部,毗邻南平市樟湖坂镇,距福银高速公路洋中互通口仅12公里。桂峰村海拔550米,为半高山谷地,四季温和湿润,全年平均气温17~19℃。整个村庄依山就势,分布于村中的三面山坡上,层层叠叠,错落有致,山清水秀,气候宜人,被誉为"山中理窟""云霞仙境"。

1.2 资源概况

桂峰村具有丰富的人文景观和优美的自然景观,村内有远近闻名的"桂峰八景",村口有景观独特的深坑大峡谷,两旁分布着丰富的珍稀动植物,环境优美。传统村落保存着古道、古街、古树、古书斋、古碑刻、古画、古族谱等珍品,明清典型古建筑39座,有蔡氏祖庙、蔡氏宗祠、石狮厝、楼坪厅等典型古建筑。

1.3 价值特色

桂峰村历史悠久,古建筑规模宏大,保留完整,是福建省保存最完整的传统村落之一。2018年4月,桂峰村被评为国家4A级旅游景区;2019年5月被省文化和旅游厅、省住房和城乡建设厅评为福建省首批"金牌旅游村"第一名;2019年7月被中华人民共和国文化和旅游部、国家发展改革委列入"第一批全国乡村旅游重点村";2020年被评为省级乡村治理示范村、省级一村一品(乡村旅游)特色村、第六届全国文明村、高级版"绿盈乡村"等。

图2 随院民宿的"庭院经济"
来源:蔡华日 摄

2 实施成效

2.1 实施组织和模式

桂峰村按照"规划先行、连片打造、全面推进、创造特色"的思想，以"生态宜居"为目标，以"党员干部模范带头，包干到片到户"的机制，实现传统村落原有风貌保护；结合"最美庭院、星级文明户"评定工作，实现主要线路绿化、亮化、美化到位；结合旅游产业发展，寻求单点突破，突出典型示范，乡村振兴相关重点工程按时间节点有序推进。

2.2 实施内容

桂峰村实施人居环境提升，做亮生态宜居文章，改造村口广场，将村居房前屋后整治美化，以最小的结构调整对历史建筑结构进行修复。改造传统文化空间，做细乡风文明文章，桂峰村将闲置牛舍打造为非遗项目展示体验中心，将桂峰炮台打造为儿童休闲空间，提升桂峰清代茶楼。建设文化传承体系，做好精神文明文章，桂峰村打造"飞凤衔书"桂峰品牌知识产权（IP）形象，挖掘文化特色，辑录传承桂峰特色文化；以创新融合发展模式做强产业兴旺文章，鼓励"外引实体共谋发展、内创机制盘活共赢"。

2.3 实施成效

桂峰村坚持以乡村振兴战略为总抓手，以打造"中国历史文化名村"为总目标，以培育文化旅游经典景区为手段，全面提升村内生态环境，充分挖掘桂峰村特色传统文化，打造集生态循环新型农业的三产融合生态农业园区、传承桂峰古村文脉的历史文化名村于一体的特色村，提升桂峰旅游新品质，促进关联产业发展，实现农业强、农村美、农民富，为全省乡村振兴提供样板典范。

图3 村口广场美化效果
来源：蔡华日 摄

图4 闲置牛舍提升改造
来源：蔡华日 摄

图5 清代茶楼提升改造
来源：蔡华日 摄

3 示范经验

3.1 活化利用方面

经验1：延续原有功能，复兴传统业态。

桂峰村修缮老建筑，引入闽剧表演、茶道文化、对诗文化等体验项目，融入桂峰村历代进士、学子、贤人的古诗名句，增加景区文化内涵，展示桂峰村独特文化魅力。

经验2：打造庭院经济，促进传统与现代有机融合。

桂峰村集中流转古村落周边抛荒的农田、林地，打造集生态循环有机种养殖农业、农产品粗加工休闲游乐观光、农耕体验、农业文化实践教育、养生健康、民俗民宿、农家乐于一体的三产融合、生态循环、休闲健康的智慧农业园。

3.2 公众参与和管理方面

经验3：统筹分配，破解"保用"难题。

桂峰村通过集中流转、保用结合实现共赢。村委会与祖居户主签订租赁合同，集中流转；"新村民"再与村委会签订租赁合同，以新村民出资、村委会计算工程成本为"新移民"代为修缮老屋，破解传统村落的"保用"难题。

经验4：三方协作，全民参与保护。

桂峰村坚持镇、村、投资方三方协作模式，全民共同参与保护。投资方作为景区日常经营主体，镇、村成立多部门组成的景区管理委员会，调动村老人协会、古民居保护修缮协会等民间组织主动参与。协作三方在共同业态的经营利润与门票收入上实行股份分成，其中镇、村收入主要用于村民红利和古民居修缮基金，以充分调动全体村民共同参与旅游发展的积极性。

3.3 技术创新方面

经验5：结合智慧系统，盘活历史文化资源。

桂峰村运用智慧科技，完善景区基础设施：建立景区智能流量监测、动态展示、智能监控和安防消防、应急救援设施检测的全方位系统；并对旅游咨询中心、游客集散中心、分布式旅游咨询和公共服务设施进行智能化改造，建立智慧导览系统，实现"一房一码，扫码听故事"。

14 贵州省黔东南苗族侗族自治州榕江县栽麻镇大利村

示范方向： 活化利用类、技术方法创新类、公共参与和管理类

供稿单位： 榕江县住房和城乡建设局

供稿人： 吴腾、粟斌

专家点评 大利村是侗族历史文化的典型代表，完整保护传承了侗族的聚落、建筑、织染、服装、艺术、语言等生活习俗与文化，其保护传承的主要经验为延续活态生活、科学利用文化资源、改善村民生活。大利村积极引进技术服务团队，借助智力智库研究历史文化，提供科学设计；引进社会资金，采取多种形式保护传统建筑、开展文化旅游。

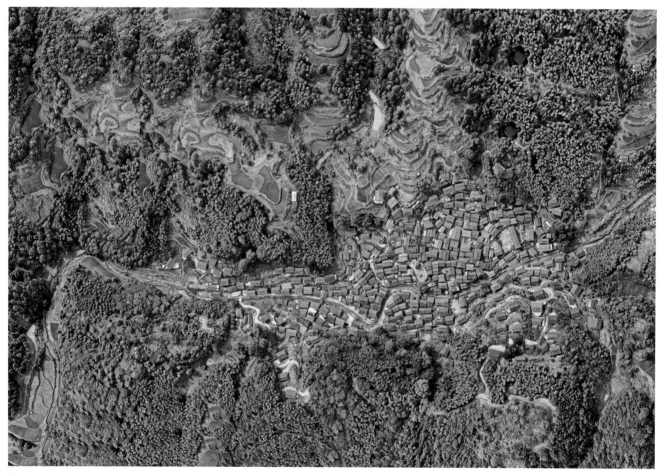

图1 大利村全景航拍

1 案例概况

1.1 区位

大利村位于贵州省黔东南苗族侗族自治州榕江县境内，地处湘黔桂侗族边地"南侗"一隅，西北距省城约230公里，西南距县城约23公里。

1.2 资源概况

大利村于2014年被评为"中国历史文化名村"，至今保存有建于明末的古萨坛、建于清代中晚期的古民居、古粮仓、九重密檐式鼓楼、亭廊式花桥、古戏楼、古水井、石雕古墓、石板古道、古碑等遗迹；传承了1个世界级非物质文化遗产——侗族大歌，3个国家级非物质文化遗产——萨玛节、珠郎娘美、侗年等，3个省级非物质文化遗产——侗族婚俗、丁郎龙女、侗戏等。村寨周边古楠木、红豆杉、枫树等古树密布，被誉为"藏在深山里的东方明珠"。

1.3 价值特色

大利古村落历史文化保护良好，留存大量侗族发展历程的痕迹和丰富的文化信息。古建筑群格局保存完好，侗族特色的建筑和构筑物是侗族文化和侗族传统建筑艺术的典型代表。大利村完整保护和传承了侗族大歌、珠郎娘美、侗年、侗族婚俗、丁郎龙女、侗戏等世界级、国家级和省级非物质文化遗产，更全面地展示了鲜活的侗族生活生产方式和传统习俗，包括农耕体系、侗布织染文化、传统技艺、传统活动、各类传统饮食习惯以及侗族万物有灵的精神信仰和宇宙观，浓缩在大利村的村落文化空间里，是侗族文化活态传承和延续的重要典范。

图2 大利侗寨鸟瞰

2 实施成效

2.1 实施组织和模式

大利村深入实施文化遗产保护、生态环境建设保护、基础设施建设、农村消防改造、特色产业培育五项工程，通过加大政策支持和资金投入力度，动员社会力量、民间力量广泛参与，形成传统村落保护发展的合力；加强与高校、国内外民间组织等学术研究机构合作，创建村落保护公私合作模式和专家驻村机制。

2.2 实施内容

大利村积极争取上级资金，统筹各类资金，全面推进名村保护工程，主要实施大利村风貌保护、人居环境整治、消防提升、古建筑修缮，建设民族生态文化博物馆、写生基地、侗族文化主题民宿、非遗培训基地等场所，极大提升了大利历史文化名村人居环境，历史文化得到有效保护和传承。

大利村在满足现代旅游民宿发展要求的同时，最大限度地保留和发挥原有木结构的文化特质和侗族建筑风格的设计理念，着力将闲置的旧学校、旧村委部、传统民居改建为写生基地、山村民宿、工坊等，有效盘活村内农户闲置资产，破解村寨环境卫生差及农户增收慢等问题。

2.3 实施成效

凭借保护传承的优势和知名度，大利村吸引了越来越多的目光，每年接待各类学者、艺术家和美院学生3000余人，实现旅游消费500余万元，年均接待游客20万人次，实现旅游消费1100多万元，直接带动村民就业70余人。

大利村有着享誉国内外的民族文化旅游胜地，被誉为"侗乡的露天历史博物馆"，荣获"中国世界文化遗产预备名单""中国历史文化名村""中国传统村落""中国重点文物保护单位""中国少数民族特色村寨""贵州省生态村""贵州省'魅力侗寨'""贵州省'百村计划'""村落文化景观保护示范村寨""贵州省乡村旅游重点村"等称号。

图3 古民居修缮后实景

图4 以"微改"技术修缮古建筑
来源：榕江县文物局

3 示范经验

3.1 活化利用方面

经验1：村校合作，打造写生基地。

大利村充分结合丰富的生态资源，利用传承完好的非遗文化优势，采取"村校合作"的方式，打造生态写生基地和活态文化写生基地；依托写生基地，将创作写生、非遗文化、民俗民宿、绿色美食等产业进行整体规划和设计，逐步实现产业品牌化，带动乡村产业新活力和创造力，打通乡村经济内循环，最终实现产业、消费双升级，培育乡村经济消费市场。大利村积极引进各大高校、国内外民间组织等学术研究机构，合作创办了贵州美术研究院创作写生基地、贵州省美术家协会创作写生基地等7个写生基地。

经验2：多措并举，盘活民居利用。

大利村通过村集体投入+农户、社会投入+农户、村民自行投入等方式，改造提升闲置民居为旅游民宿，破解古民居保护资金瓶颈，有力推进文化遗产保护。

a 大利村写生基地

b 学生在大利村写生场景

c 游客在体验同案文化

d 游客在品尝绿色美食

图5　大利村写生基地推动乡村旅游发展
来源：榕江县倚山人手造生活工作室

3.2 技术方法创新方面

经验3：构建智慧消防系统，保障村落消防安全。

大利村积极应用农村智慧防火大数据平台，安装了智慧消防"电丁丁"系统，在农户、村落、乡镇、县级、市级、省级多层级管理体系中排除传统建筑的火灾隐患，成效明显，保障大利村历史文化名村历史文化遗产和群众生命财产安全。

经验4：以微改技术精心修缮，保持古建真实性。

大利村坚持"保护为主、合理利用、改善环境、有效管理"的原则，对以古建筑为主体的文化遗产实行系统性、计划性的保护管理，原形制、原结构、原材料、原工艺修缮古建筑、古文物，确保了古村落的传统格局、乡土建筑和环境风貌得到整体和可持续保护。在加强古建筑、文物保护修缮的同时，更加注重文化内涵的挖掘和培育，促进非物质文化遗产得到有效传承与保护。

a 利用闲置古民居改造成侗布制作工坊

b 大利精品民宿——侗天井上民宿

图6 闲置民居活化利用
来源：榕江县栽麻镇人民政府

a 智慧用电安全监管服务系统终端设备

b 智慧消防高位水池监管系统终端设备

图7 智慧消防设备
来源：榕江县消防救援大队

3.3 公众参与和管理方面

经验5：以公益助推，形成合力促保护。

大利村依托高等院校、研究机构、社会公益组织、文化保护志愿者，形成合力保护模式；吸引大量的学者、志愿者参与历史文化名村的研究，形成以公益、科研为特色的不可或缺的保护发展力量，从观念上和技术上对村落居民生产、生活带来积极影响，为公益性社会志愿组织介入历史文化名村保护探索了新的道路。例如，大利村依托联合国教科文组织开展大利村文化遗产专项研究。

经验6：注重村民参与，实现共建共管。

大利村以村民为主体，积极引导村民参与保护和发展的全过程，让村民在保护与发展中充分体现主导权和价值意义。村寨的保护和发展坚持通过"一事一议"方式，召开村民大会或寨老协会会议商议，让村民参与到村寨的建设管理中来，提高村民参与的积极性。大利村开展非物质文化遗产传承人和产业技术培训，定期培训志愿者，对非物质文化遗产的保护与发展进行宣传；带领青年村民代表参加多彩贵州文博会，进行传统村落保护建设交流学习，让村民认识到传统村落价值，提高对本村文化保护和发展的热情；定期开展《文物保护法》《黔东南苗族侗族自治州民族文化村寨保护条例》等法律法规进机关、进学校、进基层的宣传活动等，使大利历史文化名村得到有效保护。

图8　大利村——少数民族题材美术作品创作人才培养项目
来源：榕江县栽麻镇人民政府

图9　引导村民共建共管
来源：榕江县栽麻镇人民政府

15 江西省南昌市安义县石鼻镇罗田村

扫码观看视频

示范方向： 整体保护类、公众参与和管理类

供稿单位： 安义县住房和城乡建设局

供稿人： 魏刚、徐书彬

专家点评　罗田村以保护规划为引领，全面实施整体保护，采取政府、企业、理事、村民共同治理的模式，统筹古村落保护、乡村经济和村民等各方利益，充分发挥理事会的协调作用，形成了乡村文化保护与乡村有效治理的典型经验。良好的治理制度促进了企业投资、建设、运营的积极性，旅游业、特色经济产业迅速发展。罗田村因此获得国家4A级旅游景区称号，具有可持续保护与发展能力。

图1　罗田村整体鸟瞰
来源：安义县古村群管委会

1 案例概况

1.1 区位

罗田村位于南昌市安义县西南约10公里的西山梅岭之麓，地处105国道南昌、九江两市辖区的交界点，距南昌市区约30公里，距昌北机场约32公里，距南昌西站约23公里，交通十分便捷。罗田村也是唐宋时期通往豫章郡的必经古道，"百贾交会、万商云集"的重要贸易节点。

1.2 资源概况

罗田村建于唐广明元年（880年），保存有明末清初的古民居建筑44幢，总建筑面积17630平方米，有古街3条约1000米、门塘4个、临街古商铺32个。其中省级文物保护单位7处（世大夫第、友山私宅等），历史建筑98处。

1.3 价值特色

罗田村均为黄姓，民谣有云："小小安义县，大大罗田黄"，足见罗田黄名声之大。该村乃当年香客赴西山万寿宫朝拜许真君的必经之地，商贾云集，称一时之盛。该村古街、麻石板道、古车辙清晰可见，尚存有"雨天不湿绣花鞋"的宋元排水系统。民居古建、砖雕、石刻、木雕构件古朴而精美，反映地方建筑特色的宅院府第有世大夫第、"辰晖遥暎"古屋、"星绕瑶枢"古屋、必友家屋等。该村遗存的里甲制度，在江西乃至全国都具有较高的历史文化价值和研究价值。罗田村非物质文化遗产较多，传统节日有正月初一至初十闹春节互赠"老爷米饼"、九月初一游神节；传统手工艺有农家酿酒、木雕、砖雕、石雕；传统风俗有唱社戏、踩火砖；地方文艺有安义唢呐、龙灯、板灯、东腔戏、采茶戏等。

图2　罗田村花海鸟瞰
来源：安义县古村群管委会

2 实施成效

2.1 实施组织和模式

罗田村主要采取"政府—企业—理事会—村民"共同参与模式。政府组织专家编制历史文化名村各类保护、发展规划，制定保护与发展相关文件，申报项目和资金，负责项目实施过程管理与监督；企业负责古村的保护性开发及运营管理；理事会实行积分管理，配合做好房屋征迁、矛盾调解、志愿服务、维护市场秩序等工作，通过设置善行功德榜、制定村规民约、文明户评比等活动，调动村民参与古村保护的积极性。

2.2 实施内容

积极筹集保护资金，全面推进保护工程。罗田村先后投入约1.3亿元对古建筑进行修缮及高端民俗民宿开发，对古村的现代房屋进行风貌整治；整修沟渠30000余平方米，植树造林1000余亩（约66.67公顷），绿化、美化村边空地60000余平方米，修缮古民居、古建筑100余栋；核心景区实现了"三线"入地，老街整修一新，保洁、保安、消防、门卫全员配足。

2.3 实施成效

乡村产业蓬勃发展。罗田村获批国家4A级旅游景区，特色水果、水稻销售兴旺，村民收入相比5年前增加了90%以上，知名度、荣誉度不断提升，荣获"中国历史文化名村""中国传统村落""全国农业旅游示范点""全国乡村旅游重点村""全国美丽宜居示范村庄""中国美丽休闲乡村""国家森林乡村""全国民宿产业发展示范区"等称号。

图3 罗田村一隅
来源：安义县古村群管委会

3 示范经验

3.1 整体保护方面

经验1：加强顶层设计，编制法定保护规划。

罗田村聘请相关领域的专家学者编制《安义县罗田村、水南村、京台村历史文化名村保护规划（2020—2035 年）》，明确古村保护原则、内容、范围以及长远的发展方向。罗田村被划定为重点保护区，村内总体格局、环境特色的保护、改善和整治初见成效，对部分濒临毁坏的古建筑实施抢救性保护，破坏村落格局和整体风貌环境的建设行为得以有效遏制。同时，罗田村制定了"远、中、近"具体的保护措施，使文物保护与环境整治工作进入良性循环，取得良好的综合效益。

经验2：加强制度建设，出台保护管理办法。

罗田村依据《安义县人民政府办公室关于进一步加强文物安全工作的实施意见》（安府办字〔2019〕130号）、《安义县古民居保护实施方案》（安府办发〔2020〕88号）等文件要求，建立由政府分管、负责同志牵头的文物工作协调机制，明确了各成员单位的工作职责和古村保护意义、对象、范围、维护修缮等建设活动的审批要求。遵循"巡查、执法、追责、合理开发利用"的原则，对罗田村80余处明清建筑进行登记造册，并对省级文物保护单位世大夫第、闺秀楼、荷花池等古迹建筑进行文物修缮。

图4　罗田村保护提升一隅图
来源：安义县古村群管委会

经验3：加强引导宣传，形成保护共识。

罗田村通过召开村民代表大会、户主会、个别入户谈话、设立宣传栏等形式，不断加大古村保护法律法规宣传力度，消除居民违章建房的错误意识；成立文化传承宣讲队，常态化开展唱红歌、传统艺术表演等活动，切实让群众感受到传统文化艺术魅力，进一步强化古村落保护和民族文化传承意识。

3.2 公众参与和管理方面

经验4：成立两大理事会，探索自治新模式。

罗田村成立古村旅游发展理事会，理事会成员参与罗田村基础建设、保护规划、资金监管、市场运营等重大事项的决策和落实；成立助学济困理事会，发动群众共同参与公益事业，至今已筹集善款近180万元，资助困难群众、学生364人次，在村内形成了互助友爱的良好氛围。

图5 保护改造前后对比
来源：安义县古村群管委会

为节省开支，在古村开发和保护过程中党员干部带头投工投劳，整修排污排水管道，流转村集体土地，建成百亩荷塘、农耕体验区。群众自发对房前屋后开展环境整治，拆除牛栏圈所20余处，拆除危旧房屋5处，清理道路杂草约18公里，村容村貌得到大幅提升。

经验6：召开发展研讨会，共商发展新思路。

罗田村举办古村发展研讨会，邀请旅游发展领域专家学者、知名旅游企业管理人员和相关部门领导齐聚古村，共同商讨古村发展大计。与会人员围绕策划规划、宣传营销、打造赣文化高地、丰富旅游产品、引进优秀人才等方面各抒己见，对症下药，提出建设性的建议，为古村高质量发展指明方向。

图6 百福巷街景
来源：陈强 摄

图7 荷塘采摘莲子
来源：罗田村村委会

扫码观看视频

16 山西省晋中市介休市龙凤镇张壁村张壁古堡

示范方向： 整体保护类、技术方法创新类

供稿单位： 山西凯嘉张壁古堡生态旅游有限公司

供稿人： 贺晋锋、相磊、刘顺吉

专家点评 | 张壁村是一座完整保护了地上古村和地下古道的北方古村。政府、企业、村集体共同合作保护修缮、治理利用，构建了文旅融合发展新模式。张碧村坚持规划先行、科学保护、完善制度，创新地域营建技术，探索传统居民国家级文物保护单位的修缮利用新模式，形成了具有示范性的建筑案例。

图1 张壁古堡与张壁新村鸟瞰
来源：山西凯嘉张壁古堡生态旅游有限公司

252　　　　　　　　　　　　　　　　　　　　历史文化保护与传承示范案例（第二辑）

1 案例概况

1.1 区位

张壁古堡位于山西省介休市绵山脚下的龙凤镇张壁村，毗邻世界文化遗产平遥古城、清明寒食文化发源地绵山以及民间故宫王家大院，海拔1020米左右，整体占地面积不足0.12平方公里，但却是一处集军事、宗教、堪舆、民俗于一体的古建筑群。

1.2 资源概况

张壁古堡的文物本体主要由8座庙宇、19座民居院落、北朝地道、金代墓葬、元代照壁、明清古建筑等附属文物构成，文物保护范围在地理上分为三块，分别是堡内保护范围、金墓保护范围和照壁保护范围。

1.3 价值特色

古堡内有三绝：一绝为地道。张壁古堡的地道已探明的长度为一万余米，现已开放出1500米左右供游客参观。据专家推测地道开凿于北魏时期，为立体三层交叉网状结构，是我国至今发现的规模最大、历史最悠久的古军事地道。二绝为星象。古堡中的很多建筑是对应天上的二十八星宿所建，连张壁村村名都源于星宿名称，所以被称为"中华星象第一村"。三绝为琉璃。古堡中最为珍贵的文物是两通烧制于明万历年间的孔雀蓝琉璃碑，因为烧造工艺已经失传，目前是全国乃至全世界仅存的两通孔雀蓝琉璃碑，曾经登上央视《国宝档案》栏目。

图2 张壁古堡北庙宇群琉璃殿顶
来源：山西凯嘉张壁古堡生态旅游有限公司

2 实施成效

2.1 实施组织和模式

张壁古堡主要采取"政府—企业—村集体"的形式，由政府指导，企业与村集体联合形成"村企共建"的模式。

2009年6月，山西凯嘉张壁古堡生态旅游有限公司（简称"张壁旅游公司"）与介休市人民政府、龙凤镇人民政府、张壁村村委会签订四方协议，接手张壁古堡的保护性开发工作。十多年来，张壁旅游公司坚持"保护为主，抢救第一，合理利用，加强管理"的方针，以"挖掘古文化，复兴古村落，创新原生态"为总体思路，积极从事张壁古堡的保护性开发，截至目前，已累计投入7亿多元。

2.2 实施内容

为了保护和恢复张壁古堡的形态，使之能够真实、完整地传承，张壁旅游公司提出了"突出古军堡，复兴古村落，营造原生态"的主旨和"先迁出改善人居环境和保护历史遗存，再请回来就业和引入业态活化古堡"的技术路线，在堡外建设了张壁新农村，将堡内规划范围内的原住居民搬迁至张壁新村居住，从根本上减轻古堡面临的生态压力与居住性破坏。同时，修复了堡内庙宇、地道、历史建筑院落等重要历史文化遗存及街巷系统，实现古堡生态及历史建筑的良性修复推动村企共建，让旅游带动张壁村发展。

2.3 实施成效

张壁古堡积极引导张壁村民由务农转变为从事特色民宿、农家饭店、电商经营、观光农业等与旅游相关的产业中，为当地村民创造更多就业和增收机会，安置了张壁及周边村庄400多名村民就业，常住人口由开发前的336户、1030人，增加到如今的437户、1210人，村民的年人均收入也由原来的5000元增加到2万余元，形成了村企联建、与旅游共生的张壁模式。依托张壁古堡旅游产业的不断发展，张壁村集体经济实现从无到有，从弱到强的良性发展。村集体经济主要由张壁古堡开发承包费用、集体土地流转费用、上级转移支付款以及张壁旅游公司定向捐赠资金共同组成。其中，张壁旅游公司每年定向捐赠300余万元，承担了张壁新村冬季取暖、物业维修、老年人日间照料中心运营等公共服务费用，使得张壁村民彻底告别了"烟熏火燎烧煤泥，吃水不便如厕难"的时代。村民生活质量和幸福指数得到了极大的提升，张壁新村也成为"中国美丽休闲乡村"和"山西省美丽宜居示范村"。

3 示范经验

3.1 整体保护方面

经验1：规划先导，完善设施，统一标示，保护整体风貌。

张壁古堡委托北京大地风景旅游景观规划设计有限公司编制《张壁古堡旅游度假区总体规划》，于2010年12月底顺利通过了山西省旅游局和介休市人民政府的评审批复；委托清华大学文化遗产保护研究所编制《张壁古堡文物保护总体规划》，于2013年4月通过国家文物局的评审批复，2014年3月份通过山西省人民政府组织的评审。

经验2：保护为重，加大文物修复，接续历史传承。

张壁古堡作为国家文物保护单位，目前保存有20多个文物院落，数百件文物藏品。介休市人民政府为此出台了《关于印发介休市张壁古堡保护开发管理实施暂行办法的通知》并批准实施，为文物保护提供了法律依据。

我们依照文物保护规划，张壁古堡请古建筑保护专业队伍对古堡内重点文物进行抢救性修复，先后完成了西方圣境殿、二郎庙、三大士殿、关帝庙山门和二郎庙戏台的修复，并对存有安全隐患的各类文物和村民住所进行了修缮，最大限度地保存与再现历史文化遗存。

图3　北堡门
来源：山西凯嘉张壁古堡生态旅游有限公司

图4　瓮城
来源：山西凯嘉张壁古堡生态旅游有限公司

图5　修缮堡内房屋
来源：山西凯嘉张壁古堡生态旅游有限公司

图6　修缮堡内消防管道
来源：山西凯嘉张壁古堡生态旅游有限公司

经验3：依托政策，做好传统村落保护工程。

张壁古堡作为我国第一批传统古村落及历史文化名村，严格按照传统村落保护农村综合改革转移支付资金使用项目和传统村落环境保护项目的实施标准和要求，并得到了山西省住房和城乡建设厅、山西省生态环境厅、晋中市住房和城乡建设局、晋中市生态环境局的大力支持，参与和指导古堡保护方案的制定和实施。

图7 涝池整治前后对比
来源：山西凯嘉张壁古堡生态旅游有限公司

图8 小东巷整治前后对比
来源：山西凯嘉张壁古堡生态旅游有限公司

3.2 技术方法创新方面

经验4：成立研究院，挖掘本土文化。

2011年9月，山西凯嘉古堡文化研究院成立，深入挖掘研究古堡军事、星象、民俗和宗教等特有文化，进行了"张壁古堡的历史考察"等的课题研究，出版了《张壁村》《张壁古堡的历史考察》《张壁史话》《郑说张壁》等研究专著。

经验5：加强保护修缮，严格管控风貌。

在历史环境整治及历史建筑修缮方面，张壁旅游公司严格遵守文物保护部门的相关规定，聘请专业人员及团队进行文物建筑的保护修缮，严格统一古风古貌。

图9　山西凯嘉古堡文化研究院
来源：山西凯嘉张壁古堡生态旅游有限公司

图10　夜间古堡
来源：山西凯嘉张壁古堡生态旅游有限公司

图11　主街
来源：山西凯嘉张壁古堡生态旅游有限公司

17 浙江省杭州市建德市大慈岩镇新叶村

示范方向： 整体保护类、技术方法创新类

供稿单位： 建德市大慈岩镇人民政府、建德市住房和城乡建设局

供稿人： 方玮、朱页军、符佳欣

扫码观看视频

专家点评 新叶村因地制宜地实施山水田园村整体保护，规划划定了核心保护区、外围控制区、农耕风貌保护区，制定出台了不同保护区域的保护、生产、专项治理活动的举措，做到了古村有古貌、新村有特色，实现整体和谐统一，创造了江南新型人居模式。在古居民保护利用上，新叶村积极探索产权置换、云招商引资，创新文旅发展路径。

图1 新叶村全景
来源：范胜利 摄

1 案例概况

1.1 区位

新叶村是个典型的山村，坐落在建德市南部、大慈岩镇东部，距建德市区约37公里，地处玉华山、道峰山之间。由于位于杭州建德市、金华兰溪市与衢州龙游县的交界地带，特别是与兰溪市的土地接壤、路网相通，因此新叶村与兰溪诸葛古村、芝堰古村交通十分便利。

1.2 资源概况

新叶村从建村开始，叶氏在此已繁衍了36代，成为一个巨大的宗族村落。村落发展脉络清晰，格局风貌完整，建筑数量众多，建筑类型丰富，至今仍保留着明清建筑200多幢、宗祠、塔、阁等特色建筑16幢，其中国家级文物保护单位35处，省级文物保护单位27处，普通历史建筑178处，被专家称为"明清建筑露天博物馆""中国乡土建筑的典范"。

1.3 价值特色

新叶村完好保存了大量古民居、宗祠、塔、阁等人文古迹，对研究浙西古村落群发展具有重要的历史、科学、文化、艺术价值。

图2 新叶村风貌
来源：建德市大慈岩镇人民政府

2 实施成效

2.1 实施组织和模式

近年来，在新叶村保护利用过程中，建德市先后制定出台了《建德市新叶古村落保护办法》《建德市大慈岩风景名胜区新叶区域保护管理办法》等政策法规，成立了新叶村全国古村落保护利用综合试点工作领导小组、新叶古民居管理委员会等一系列开展保护利用工作的组织机构，2014年又调整成立了新叶古村保护利用管理委员会，并于2015年6月开始实体化运作。针对各阶段保护利用工作的具体情况，新叶村明确了保护利用工作的方向、原则和各有关单位部门的工作职责，使得保护利用工作得到正确的指导并持续推进。

2.2 实施内容

建德市人民政府成立了新叶村保护利用管理委员会、大慈岩文物保护管理所等机构，派驻专人对新叶村进行保护，先后投入各级资金1亿多元进行古建筑修缮、古道恢复、外立面整治、非物质文化遗产保护、水系恢复和文化旅游基础设施等项目建设，同时对古建筑修缮项目建立了资料档案。新叶村利用古建筑进行文化展示，利用有序堂、茶憩戏曲茶馆进行新叶昆曲、婺剧等戏曲展演，利用醉仙居对新叶土曲酒酿造技艺进行展示。同时，昆曲茶馆、穿越照相馆、密室逃脱等项目先后开馆。新叶村每年开展"三月三"农耕文化节、油菜花节、晒秋节、担货节等体现当地风土人情的民俗文化活动，丰富群众文化生活的同时还可以吸引外来游客。

2.3 实施成效

乡村产业蓬勃发展。新叶村获批第一批浙江省金3A级景区村庄、第二批全国乡村旅游重点村，民宿农家乐等乡村旅游业持续发展，村民人均收入连续五年增长，荣获"中国历史文化名村""中国传统村落""全国重点文物保护单位"等国字号招牌，知名度、荣誉度和美誉度不断提升。央视《中国影像方志》《江河万里行》《记住乡愁》《家风》，湖南卫视《爸爸去哪儿》，浙江卫视《发现浙江》，爱奇艺《最后的赢家》等栏目都来新叶村取景拍摄。

图3 新叶村"三月三"农耕文化节
来源：大慈岩镇人民政府

图4 新叶南塘
来源：程方和程晓工作室 摄

图5 新叶荷花
来源：范胜利 摄

3 示范经验

3.1 整体保护方面

经验1：整合古民居产权，统一保护利用。

新叶村核心保护范围内有很多闲置古民居，年久失修，有的有老人居住，有的闲置多年。由村集体和建德市新安江新叶古村旅游开发有限公司统一申报维修古民居进行招租，共发布了37幢明清古建筑的云招商活动。镇村两级深入了解村民想法，得到古民居住户的理解和支持。村委会筹集资金，置换产权，统一在新区安置古民居住户，新叶杭派民居项目获浙江省钱江杯建设工程奖。

经验2：坚持整体保护，山村田园有机融合。

新叶村处于低山丘陵地带，西靠玉华山、北朝道峰山，南面种植了百亩油菜花和荷花，景观优美，东面是蓝莓水果采摘园，新叶村的保护范围为檀新公路两侧第一山脊线内，包括新叶、汪山、李村、上吴方等村庄，以及山坡、田野等要素，总面积约642公顷。该《办法》将新叶古村落分三个层次进行保护：一是核心保护区，二是外围控制区，三是农耕风貌保护区。通过严格划分核心保护区、外围控制区和风貌协调区，并分区施策维护山村农林共生的和谐景观。

经验3：提高站位，立足可持续推动保护发展。

乡土建筑保护的战略性指导思想，是以保护聚落整体为基本方法，保护一定范围的农田、山林、水体、道路、桥梁、水利设施，以及零散的庙宇、路亭、坟地等，此外还应尽可能地保护村落外围的景致，以展现农耕文明时代农民的理想生活和审美情趣。

2009年9月，建德市文化广播电视新闻出版局、市住房和城乡建设局、市旅游商贸局、大慈岩镇人民政府就新叶古村落整体保护进行了调研，形成了保护方案——《建德大慈岩风景名胜区新叶区域保护管理办法》（简称《办法》），并报市政府常务会议通过。该《办法》立足新叶、又跳出新叶，站在更高的角度、以更广阔的视野审视新叶古村落的保护，以保护新叶古村落人文和自然资源的完整性。

3.2 技术方法创新方面

经验4：推进智慧旅游平台建设，加强信息化资源管理。

2019年，新叶村实施杭州地区首个农村智慧门牌安装试点工作，对重要的古建筑和旅游线上的民宿、农家乐安装了个性化的智慧门牌。游客或村民只要拿起手机，扫一扫智慧门牌下方的二维码，就可以获知地名介绍、旅游资讯、古村特产等九项公共服务的信息。2020年，新叶村建设智慧导览系统，实现20秒入园，通过进"一部手机游建德"微信小程序将新叶村的历史文化街区、历史建筑的保护范围、简介、价值与特色、建筑年代、建筑风格、实现保护对象等数据共享，植入智慧导览系统。

图6 "新叶三月三"民俗活动
来源：建德市大慈岩镇人民政府

图7 "新叶大戏"民俗活动
来源：建德市大慈岩镇人民政府

示范方向：人居环境改善类、公共参与和管理类

供稿单位：磐安县住房和城乡建设局

供稿人：陈志超、施诚华、陈光红、黄辉、郑浩

专家点评 墨林村的保护传承以"微改造、精提升、聚集民生实事"为重点目标，对村社历史建筑、基础设施、公共服务投入资金进行全面改善，建设新型养老服务中心，村史博物馆、儿童之家，乡村活力大大提升，大力推动村民共建共享，完善村规民约，各项保护、建设和经济协调发展。

图1 墨林村鸟瞰
来源：金慧菊 摄

1 案例概况

1.1 区位

墨林村位于磐安县安文街道东南部，坐落于大盘山国家级自然保护区西麓，距磐安县城10公里，交通便利，区位优越，是东仙线和磐新线两条交通主干道、也是磐安旅游南北线的交会处，承担着磐安旅游专线中转服务的功能。

1.2 资源概况

墨林村以郑氏始迁祖"翰墨传家，文士如林"之训而得名。村内保存有明、清时期三合院与四合院9座、古民居200间，建于光绪二十三年的县级文物保护单位永德廊桥1座。墨林村入选了第五批中国传统村落、浙江省第一批省级传统村落。

1.3 价值特色

墨林村完好保存了明、清、民国三个时期的三合院、四合院和人文古迹，对研究浙中古村落发展具有重要的历史、科学、文化、艺术价值。整个村落传统建筑布局严谨，建筑、雕刻保存较为完整，随处可见古人的匠心雕琢，充满了"翰墨传家、文士如林"的韵味。

图2 墨林村院落格局
来源：黄辉 摄

2 实施成效

2.1 实施组织和模式

墨林村建立健全"县—街道—村"三级联动机制，县主要领导实地调研13次，召集相关部门专题部署研究规划方案8次，有力推进了传统村落保护和发展。农业农村局、住房和城乡建设局等部门派专人指导历史文化保护和传承工作，安文街道成立了墨林历史文化传统村落保护专班，主要领导每周听取工作汇报，街道驻村干部每日到村落实项目进展，确保工作有力推进。

2.2 实施内容

墨林村完成33幢8025平方米的古民居修缮，拆除了56户169间附房、猪栏，拆除农户旱厕183个，改造填埋旱厕112个，改造卫生厕所78个；拆除危旧房、违章搭建163处，拆除面积达9875平方米；拆除杂乱广告牌32块，全面开展风貌冲突的建筑物整修改造，完成23幢3450平方米房屋的立面改造；增强主路及两侧建筑、绿地、庭院风貌，激活村口绿地等重要空间活力，完成古道修复与改造620平方米，极大地提升了历史文化名村的人居环境。

2.3 实施成效

通过持续推进三大行动，墨林村完成了9座明清时期院落以及周边古建筑的修缮任务，引进了浙江工部旅游发展有限公司，鼓励村民开办民宿15家，吸引多个剧组到村取景拍摄，并利用文化礼堂开展了20余次入学礼、书法展等文化活动，多措并举推进历史文化保护和传承。同时，结合未来乡村建设，墨林村新建村史博物馆、研学之家等传承阵地，弘扬历史文化、传承非遗文化，全面推进历史文化保护和传承，知名度、荣誉度不断提升。

图3 义和堂修缮后
来源：金慧菊 摄

3 示范经验

3.1 人居环境改善方面

经验1：系统改善人居环境，整体提升村容村貌。

墨林村打通环村公路，拓宽樱花谷的公路；完成老区178户2480余米的截污纳管（排水排污）工程建设；新建生态公厕3个、改造公厕3个；新增绿化节点11处，面积9500平方米；完成"赤膊墙"整治317处，面积36500平方米；创建美丽庭院43个；新建停车场6处，新增划线车位88个；清理乱堆乱放135余处，池塘清淤8个；新增投放垃圾分类桶137个；制作公益广告牌100余块。经过一系列改善工程，墨林村成功创建浙江省3A级景区村庄、省级垃圾分类示范点；穿村而过的西溪，常年水质为I类标准，水体清澈见底，河边永德桥古树公园和新建的亲水栈道成为休闲旅游的好地方。

图4 永德廊桥
来源：黄辉 摄

图5 墨林村文化礼堂
来源：金慧菊 摄

图6 墨林村休闲中心
来源：金慧菊 摄

图7 墨林村入口
来源：金慧菊 摄

经验2：精细化改造提升，彰显古村新韵。

墨林村实施"微改造、精提升"，进行夜景灯光布置、破旧墙面修复、完成磐新线、环村公路"白改黑"和古民居群落老街石板铺设等工程，合理引导村民生活、生产及发展空间，实现了新老风貌共融、景村共生，推进了以"文化+产业+旅游+生活"四位一体的协调发展，建设成别具特色的历史文化村、旅游村。

经验3：完善公共服务设施，促进活化传承。

墨林村新建儿童之家，打造孝道文化，为附近儿童提供研学服务，荣获2020年度"浙江省示范型儿童之家"称号；新建居家养老服务中心，开展配餐、送餐服务，联系医生定期上门进行医务服务；升级农村文化礼堂，配置新时代文明读书室，建立乡村艺术团等文艺队伍，积极开展乡村文化文艺活动；新建村史博物馆，弘扬传承历史文化故事、文物背后的故事等。通过持续完善服务阵地，不断改善人居环境，增强百姓幸福感。

图8　上新屋修缮前
来源：郑浩、金慧菊 摄

图9　墨林村中小路修缮前
来源：郑浩、金慧菊 摄

3.2 公众参与和管理方面

经验4：充分民主，事前尊重民意。

墨林村充分尊重全体村民的意见建议，所有保护规划编制、更新计划制定和实施中的具体项目都经过召开村两委会、党员大会、村民代表会决议通过，广泛听取群众意见建议，确保群众全流程参与；同时，开展入户调查，收集、分析群众集中反映的民情民意，对于群众支持认可的，迅速推动抓好落实；对于群众有不同意见的，吸收调整完善；对于群众暂时不理解的，做好宣传解释工作，尽最大努力争取群众认可、获得群众支持，最终村庄建设方案获得全体村民的一致支持，为历史文化保护和传承奠定了坚实的基础。

经验5：同心协力，事中多方共建。

墨林村通过深化完善民居修缮政策，提高补贴标准、提供技术服务等措施，引导居民对民居按照传统风貌自我更新、自我修缮；通过扶持壮大文物保护志愿者队伍，广泛发动群众参与保护更新工作监管等，最大程度激活历史文化村保护更新的民间力量，着力构建共建共治共享的保护更新工作格局；同时，以政府引导为主体，建立"政府补助+村居自筹+外资入驻"的筹资体系；通过招商引资引入多元化产业，吸引外资投入，基本解决了"钱从哪里来"的问题。

经验6：出台村规民约，事后规范管理。

墨林村出台《墨林村村规民约》共计25条，为墨林村历史文化日常运营维护搭起了制度的框架。驻村干部将相关项目列为创业承诺项目，严格按照街道管理办法做好检查、督促工作，助力历史文化保护长效传承。

扫码观看视频

河南省平顶山市郏县冢头镇李渡口村

示范方向： 活化利用类、公共参与和管理类

供稿单位： 平顶山市住房和城乡建设局

供稿人： 张雷、叶晨阳、冯亚桥、李付营、李晓琴

专家点评 李渡口村坚持政府主导、规划引领，对历史文化实施真实的整体保护。在乡村旅游业发展上，李渡口村强调有效组织和精细化管理，形成一店一业、一店一品的特色经营，把美食、民宿、夜景、街拍、研学与古村落治理利用有机结合，丰富旅游体验；在盘活资产资源上大胆创新，整合土地、劳力、房屋、资金，组建劳务、置业、旅游、土地、集体资产五大股份合作社，鼓励群众入股，不断壮大集体经济。

图1　李渡口村鸟瞰
来源：李利国　摄

1 案例概况

1.1 区位

李渡口村位于河南省平顶山市郏县冢头镇西北部，距县城8公里，又称"列埠口"，始建于汉代，距今已有两千多年的历史。明洪武七年（1374年），因李姓族人从山西再迁入，渡口壮大，航运发达，是历史上"万里茶道"的节点和水运枢纽。

1.2 资源概况

李渡口村内现保存传统建筑830间，其中明清建筑630间，古寨墙500米，古街巷9条，街坊商行18处，"中原第一花"1处；代表性建筑组群有李氏祠堂、李朝永故居、李泽之故居、李冠儒老宅等20处。这些古建筑规模不同、形制各异，以中原建筑风格为主，兼容渡口交通枢纽文化，连片成群。2016年，李渡口村传统民居被河南省人民政府公布为第七批省级文物保护单位。

1.3 价值特色

李渡口村保存完好的大量明清建筑，集中反映出明清时期豫北民居的建筑风格和工艺水平，具有很高的历史研究价值。其古楼、古房、古窗、石刻、木刻、砖刻工艺精巧，展现了古代匠师和当时人们的审美理念及价值取向，具有较高的建筑史学价值和艺术价值，为研究当时社会的建筑学、民俗学、礼学、风水学、环境生态学等提供了重要的历史依据。古建筑群记录了明、清至民国时期李渡口村乃至郏县政治的变换、经济的盛弱、文化的兴替，造就了李渡口村深厚的文化底蕴。李渡口村依托传统村落保护与传承，以乡村传统文化旅游为主线、"千年渡口、书画之乡"为发展定位、"书法书画、明清古建、蓝河渡口、特色美食"四大文化元素为主题，丰富乡村旅游内涵，不断发展壮大集体经济，增加群众收入，助推乡村振兴。

图2　李渡口村建筑
来源：李利国　摄

2 实施成效

2.1 实施组织和模式

李渡口村牢固树立"保护就是新发展"的传统村落保护传承理念，坚持政府主导、规划先行，积极申报项目和资金，编制历史文化名村保护规划，使社会经济发展、历史文化保护和环境要素整治构建成有机整体，做到古建筑、古街巷及传统景观风貌的"原真性、整体性、多样性"保持不变。坚持引入社会资本，构建"旅游+"业态模式，再造活态乡村生活，探索出一条传统村落保护和活化利用新路径。李渡口村坚持群众参与公共事业建设，不断提高群众的参与意识、主人翁意识、保护意识，自觉投身村庄建设发展。

2.2 实施内容

2014年以来，李渡口村通过积极筹措建设资金，对村庄基础设施进行修整，铺设道路6000平方米，整修文化广场3处，建设复古凉亭4座；精心修复传统建筑39间；对沿街建筑风貌整体规划修复，重现传统村落"三街六巷十八坊"的繁荣盛景。2021年，李渡口村对文化广场进行了升级改造，铺设红石及青石路3800平方米，建设标准化游客服务中心等公共服务设施，实施景观绿化，建成了集景观化、艺术化、生活化于一体的传统文化村落。

2.3 实施成效

项目资金的注入，改善了村庄基础条件，撬动了社会资本投资，吸引了"新村民"入住，村庄在"旧貌"中焕发"新颜"。特别是"三变改革"的实施、"旅游+"新业态的打造，带动了乡村经济发展，村集体年收入增幅超过12%。村庄荣获国家3A级旅游景区、"中国传统村落""中国景观村落""全国十大最美乡村""河南省历史文化名村""河南省乡村旅游特色村""河南乡村旅游创客示范基地""河南省卫生村""河南省首批乡村康养旅游示范村"等荣誉称号。

图3　李渡口村村内文化广场
来源：李利国 摄

图4　李渡口村村内小巷
来源：李利国 摄

3 示范经验

3.1 活化利用方面

经验1：依托资源禀赋，打造多元业态。

李渡口村以"旅游富民"为主线，打造"吃、住、游、学、行"为一体的特色商业街区，推动文化和旅游深度融合：一是打造"旅游+美食"新业态，形成"一店一业、一店一品"的特色经营模式，丰富游客体验；二是打造"旅游+民俗"新业态，体验古村落文化，实施民宿改造、景观节点打造、夜景灯光亮化等工程，突出李渡口村明清时期豫北居民的建筑风格，构建夜游、夜赏、夜食、夜购的"四夜"产品体系，营造"生态文史两相宜，诗与远方入梦来"的村落氛围；三是打造"旅游+街拍"新业态，打造网红打卡地；四是打造"旅游+研学"新业态，传承历史文化，依托郏县"中国书法之乡""中国诗歌之乡"的美誉，打造中原文艺部落、中国书画书法交易集散地，增强游学体验，寓教于游、寓教于景，感受乡村文化新魅力。

图5　李冠儒老宅改造的艺术工作室
来源：李利国　摄

图6　李土岭民居改造的渡口人家民宿
来源：李利国　摄

经验2：注重民俗文化的传承发展和活化利用。

李渡口村通过搭建平台，弘扬特色民俗文化，拓宽群众增收渠道，在提升村庄知名度的同时，促进经济发展：一是举办百名书法家进冢头义写春节送福、千年古镇·郏县冢头首届"蓝河杯"年俗文化节、首届"鸿丰杯"蓝河情民间艺术表演赛、中国农民丰收节暨郏县李渡口晒金秋文化旅游节等活动，得到《人民日报》《经济日报》中央人民广播电台、中国网、央广网、国际在线、《平顶山日报》等多家媒体宣传报道，提升村庄知名度；二是利用"数字家园工程"，实现线上线下销售农产品，发展农产品特色深加工业，提高农产品附加值，拓宽农民增收渠道，提升居民获得感、幸福感。

图7　李相奎老宅改造的村史馆
来源：李利国 摄

图8　李相峰民居改造的农家菜馆
来源：李利国 摄

3.2 公众参与和管理方面

经验3：整合资源，创新公众参与和管理模式。

李渡口村大力实施"三变改革"（资源变资产、资金变股金、农民变股东），整合该村的土地、劳力、房屋、资金等资源，组建劳务、置业、旅游、土地、集体资产五大股份合作社，选择群众基础好、懂管理、善经营的人担任合作社负责人。"三变改革"实现了群众入股参与，经营性企业、商家入驻，活化了自然资源、存量资产、人力资本，村民和集体占股分红，增加农民收入、壮大集体经济。

经验4：股份合作，破解资金瓶颈。

村民通过自愿入股的方式将个人资源、资产、资金、技术等入股到合作社，参与管理，获得分红，既省去"新村民"修缮过程中的繁琐，解决其驻村创业场所的需求，又解决了传统村落古建筑"保"与"用"难题，赋予了古村新的文化功能和价值。在此基础上，李渡口村注重招商引资，不断培育乡村旅游业态，先后招商引进了书香文化民宿、酒文化艺术馆、根雕艺术馆、中医养生馆、古渡茶馆等项目，撬动民间投资1000余万元。

图9　股份经济合作社揭牌仪式
来源：李利国 摄

图10　股份经济合作社分红大会
来源：李利国 摄

后记

　　《历史文化保护与传承示范案例（第二辑）》的编写得到住房和城乡建设部领导的高度重视，也是住房和城乡建设部科学技术委员会历史文化保护与传承专业委员会（以下简称专委会）和中国城市规划设计研究院（简称中规院）共同努力的成果。

　　本书是在2022～2023年住房和城乡建设部建筑节能与科技司委托专委会和中规院开展的历史文化保护与传承示范案例征集工作基础上的一次再总结与再提炼。感谢各案例的供稿单位和供稿人，他们无私地提供了宝贵的文稿和大量精美的图纸、照片、视频，为本书的编写奠定了基础。感谢参与案例评选、点评的各位专家，他们在百忙之中对申报案例进行了初评、复评、复核，并提出了宝贵的点评意见，为我们了解、学习这些案例提供了指南。

　　本书能得以最终出版，要感谢中国城市规划设计研究院的无私付出，王凯院长对书稿出版工作高度关注，科技处彭小雷处长、所萌女士对书稿出版中一些繁琐的工作给予了悉心指导和帮助，历史文化名城保护与发展研究分院鞠德东院长组织团队的骨干力量参与本书的组织、统筹和编写，做了大量认真细致的工作。

　　在此，还要特别感谢中国建筑出版传媒有限公司（中国建筑工业出版社）鼎力支持，向陆新之副总编、刘丹编辑、郑诗茵编辑致以诚挚的谢意，是你们的认真态度、细致工作和过程中很多积极主动的建议让我们得以加快出版进度、保证出版质量。

　　当然，由于出版时间紧张，本书可能存在不足之处，我们真诚地希望广大作者、读者批评指正。

本书编者

2023年9月